Wussten Sie, dass Meisen der Vielweiberei frönen, Fledermäuse töten, weil deren Gehirn besonders lecker schmeckt, und sich in der Luft wie fliegende Dinosaurier verhalten? Andreas Tjernshaugen, Ornithologe aus Leidenschaft, zeigt, was wir über Meisen alles nicht wissen, er enthüllt uns eine faszinierende Welt direkt vor unseren Augen, die uns bisher verborgen blieb.

Sehr zur Freude seiner Kinder hat Andreas Tjernshaugen eines Tages zwei Meisenkästen in die Bäume seines Gartens gehängt und in einem davon eine Kamera installiert, denn er wollte es endlich genauer kennenlernen, das verborgene Leben der Meisen. Haben Meisen Alltagsprobleme? Ja: Nachbarschaftsstreit, Eifersuchtsdramen bei der Partnerwahl, Differenzen bei der Kindererziehung – wie bei uns. Und keine Meise gleicht der anderen: Die einen sind ängstlich, die anderen wagemutig und zupackend, wenn sie Neuem und Unbekanntem begegnen.

Ein Jahr lang hat Tjernshaugen ihre Gewohnheiten beobachtet. Nach der Lektüre seines Tagebuchs werfen wir einen anderen Blick auf die Vögel vor unserem Fenster.

Andreas Tjernshaugen, geboren 1972 in Nesodden, studierte Soziologie, arbeitete im Anschluss mehrere Jahre im Bereich Klimaforschung und ist seit 2015 Redakteur bei der Internetenzyklopädie *Das große norwegische Lexikon.*

Nachdem er seinen Vater vor einiger Zeit zu einem Vortrag eines Vogelforschers begleitet hatte – es ging um die »Bedeutung von Vererbung und Umwelt bei Meisen« –, hat er sich mit seinem Buch jetzt selbst der Sache angenommen, um unser Wissen über die Meisen auf den neuesten Stand zu bringen.

Paul Berf arbeitet als Literaturübersetzer aus dem Schwedischen, Finnlandschwedischen und Norwegischen in Köln. Zu den von ihm übersetzten Autoren gehören u. a. Aris Fioretos, Karl Ove Knausgård, Selma Lagerlöf und Kjell Westö.

Andreas
Tjernshaugen

Das
verborgene
Leben der
Meisen

Aus dem Norwegischen von Paul Berf
Mit vielen Abbildungen

Insel Verlag

Titel der Originalausgabe:
Meisenes hemmelige liv
First published by Kagge Forlag AS, Oslo, 2015

2. Auflage 2018
Erste Auflage 2017
© der deutschen Ausgabe Insel Verlag Berlin 2017
© 2015 Kagge Forlag AS
Alle Rechte vorbehalten, insbesondere das
des öffentlichen Vortrags sowie der Übertragung
durch Rundfunk und Fernsehen, auch einzelner Teile.
Kein Teil des Werkes darf in irgendeiner Form
(durch Fotografie, Mikrofilm oder andere Verfahren)
ohne schriftliche Genehmigung des Verlages reproduziert
oder unter Verwendung elektronischer Systeme verarbeitet,
vervielfältigt oder verbreitet werden.
Druck: CPI – Ebner & Spiegel, Ulm
Umschlaggestaltung: hißmann, heilmann, hamburg
Einbandfotos: Holden Wildlife / Alamy / mauritius images
Printed in Germany
ISBN 978-3-458-17723-4

Das verborgene Leben der Meisen

Inhalt

Vorwort

Es fing damit an, dass mein Vater anrief. Wir wechselten wie üblich ein paar Worte über uns und den Rest der Familie und erzählten einander anschließend, welche Vögel wir in letzter Zeit gesehen hatten. Diesmal hatte Vater allerdings noch etwas anderes auf dem Herzen. Er war kürzlich in Rente gegangen und hatte seither Zeit, sich im örtlichen Vogelverein zu engagieren. Nun wollte er wissen, ob ich Lust hätte, ihn zu einer ihrer Veranstaltungen zu begleiten. Der Biologe Bo Terning Hansen war mit der Fähre aus Oslo nach Nesodden gekommen, um einen Vortrag mit dem Titel *So geboren oder so geworden? Zur Bedeutung von Vererbung und Umwelt bei Meisen* zu halten. Das hörte sich so originell an, dass ich beschloss hinzugehen.

Etwa fünfundzwanzig Zuhörer hatten sich in einem Klassenzimmer eingefunden. Bo Terning Hansen spielte uns den Gesang einer Kohlmeise vor, die dachte, sie wäre eine Blaumeise, oder die zumindest wie eine sang, weil die Forscher sie in einem Blaumeisennest aufwachsen ließen. Während ich ihm lauschte, dämmerte mir, wie viele bemerkenswerte Dinge man gerade über diese so alltäglichen Vögel herausgefunden hatte, ohne dass ich oder andere grundsätzlich an Vögeln interessierte Menschen etwas davon mitbekamen. Hansen zeigte auch Filmausschnitte von Meisen, die eine Art von Intelligenztests absolvierten. Letztlich entschied ich mich wohl schon an Ort und Stelle. Ich wollte den Geheimnissen der Meisen auf den Grund gehen. Und ich wollte über sie schreiben.

Nach dem Vortrag radelte ich schnurstracks nach Hause und begann nach Artikeln und Büchern zu suchen, die mir mehr über das unbekannte Leben dieser so vertrauten Vögel verrieten. Bald darauf las ich von Kohlmeisen, die Fledermäuse und andere Kleinvögel tothacken, um ihre Gehirne zu fressen, von Vaterschaftstests, die eine weit verbreitete Untreue unter Meisen enthüllen, und von Verhaltensstudien, die zeigen, dass die Persönlichkeit von Vogel zu Vogel variiert, so dass Vögel derselben Art sich in der gleichen Situation häufig völlig unterschiedlich verhalten. Je mehr ich las, desto sicherer war ich mir, dass die Meisen ein Buch verdienten, das allen, die es lesen wollten, die eigentümlichen Geschichten der Vogelforscher über das Leben von Kohl- und Blaumeisen erzählte.

In den folgenden Monaten lud ich Hunderte Forschungsartikel herunter und spürte alte und neue Fachbücher auf. Da ich nie Biologie studiert hatte, benötigte ich neben der Literatur über Meisen zahlreiche Bücher über Vögel und Tiere im Allgemeinen. Natürlich musste ich auch Forscher, die sich mit Meisen beschäftigen, um Rat fragen. Darüber hinaus wollte ich meine eigenen Erfahrungen machen, ich musste mir also sowohl Kohl- als auch Blaumeisen genauer anschauen, als ich es je zuvor getan hatte.

Letzteres war allerdings nicht weiter schwierig, denn die Meisen sind da, vor dem Fenster, bei mir daheim genauso wie an den meisten anderen Orten in Norwegen und Europa, überall dort, wo Menschen leben.

Nesodden, 2. April 2015

Großvater und
die undankbare Meise

Mit dem Auto erreicht man die Halbinsel Nesodden am Oslofjord aus südöstlicher Richtung, da sie dort mit dem Festland verbunden ist. Nimmt man die Landstraße 156, die Hauptverkehrsader, die an der Ostseite der Landzunge entlangführt, weichen die Fichten bald Weizenfeldern, Reiterhöfen und, je nach Jahreszeit, Erdbeer- oder Brennholzverkaufsständen. Eichenwäldchen findet man auch. Am ersten Kreisverkehr steht eine kleine und hübsche mittelalterliche Kirche mit einem Friedhof, auf dem meine Großeltern und Urgroßeltern väterlicherseits begraben liegen.

An der schroffen Westseite fährt man dagegen viele Kilometer, ohne Felder oder grasendes Vieh zu sehen. Hier windet sich die schmale Landstraße 157 an Tümpeln und kleinen Seen, steilen Hängen und Felsklippen sowie Wald aus Fichten, Birken und Espen vorbei. Auf dieser Seite sind die Feldstücke so kärglich und liegen so verstreut, dass sich Landwirtschaft nicht lohnt. Selbst in früheren Zeiten, als viele Zipfel Land noch bepflanzt wurden, benötigten die Menschen eine weitere Einnahmequelle. Ungefähr auf halber Strecke nordwärts, nach einem langen, steilen Anstieg mit absurd scharfen Kurven, gefolgt von einer etwas sanfteren Abfahrt, gelangt man zu einer Talsenke mit einem Waldsee, einem

Tjern, zur Rechten. Auf der anderen Seite des Gewässers, unter einem bewaldeten Hügel, liegt die frühere Häuslerkate, die meine Urgroßeltern besaßen und von der sie ihren Familiennamen ableiteten. Tjernshaugen.

Auf der anderen Seite der Straße, zur Linken, führt eine kiesbedeckte Auffahrt zu einem Hügel mit Aussicht auf den See hinauf. In dem Haus auf der Kuppe, das Großvater kurz nach dem Krieg erbaute, wuchs mein Vater mit vier Geschwistern auf. Das Grundstück war so groß, dass Großmutter und Großvater dort Obst, Beeren, Gemüse und Kartoffeln anbauen konnten. Vater wurde losgeschickt, um die Erdbeeren den Sommergästen aus Oslo zu verkaufen, die sich in ihren Sommerhäusern an dem Hang aufhielten, der sich zum Oslofjord hinabsenkte. So kam zusätzlich ein wenig Geld herein. Großvater war Arbeiter und später Vorarbeiter im Shell-Tanklager, das nur einen kurzen Fußweg entfernt am Fjord lag, von wo das Öl mit Schiffen aus dem Ausland ankam und von Tanklastern abgeholt wurde.

Wie zahlreiche andere Gebäude in Norwegen wurde auch Vaters weißgestrichenes Elternhaus regelmäßig von kleinen gefiederten Saboteuren angegriffen. Kohlmeisen fraßen den Kitt rund um die Fensterscheiben, der damals aus Kreidepulver und essbarem Leinöl hergestellt wurde. Trotz dieser Unart waren die Meisen herzlich willkommen. Sie erhielten Kost und Logis.

Großvater schreinerte Nistkästen, die er zusammen mit seinen Kindern aufhängte, damit die Meisen im Frühjahr einen Ort zum Nisten hatten. Und im Winter fütterte die Familie die Kleinvögel – mit Brotkrumen, Haferflocken und Sonnenblumenkernen, manchmal auch mit einem Stück Speckschwarte von dem Schwein, das sie großzogen und vor Weihnachten schlachteten. Gartenbesitzer wurden angehalten, Meisen auf ihr Grundstück einzuladen, zum einen war es ein hübscher Anblick auf dem Hof, zum anderen waren die Meisen eine große Hilfe bei der Bekämpfung von Schadinsekten, von denen die Ernte zernagt wurde. Meisen galten als gute Nachbarn. Sie spielten in einer ganz anderen

Liga als Beerendiebe wie Drosseln und Stare, ganz zu schweigen von Krähen und Elstern.

Von Kindesbeinen an gefiel es meinem Vater, Kohlmeisen und andere Gäste im Futterhaus zu beobachten. Die Blaumeise war damals noch ziemlich selten, erzählt Vater, der das Vogelleben auf Nesodden seit nunmehr gut sechzig Jahren im Auge behält.

Großvater starb früh, ich war noch keine fünf Jahr alt. In meiner klarsten Erinnerung an ihn holen wir Honigwaben aus den Bienenstöcken. Das muss 1976, in seinem letzten Sommer, gewesen sein. Großvater war mit einem Schutzanzug, einem Netz auf dem Kopf und einer betäubenden Imkerpfeife ausgerüstet. Ich stand in sicherer Entfernung, hatte aber trotzdem Angst, gestochen zu werden. Hinterher gingen wir in den Keller, wo die Schleuder stand, in der die Waben so schnell gedreht wurden, dass sich der süße, goldene Honig aus ihnen löste und in große Gläser floss, die ich nach Hause mitnehmen durfte. Wir wohnten nur einen Kilometer entfernt.

Einmal wurde Großvaters Geduld mit den Meisen auf eine harte Probe gestellt, es ging um die Bienenzucht. In einem Frühjahr in den sechziger Jahren kam eine Kohlmeise, die, wie gesagt, mit Kost und Logis versorgt wurde, auf die Idee, seine Bienen anzugreifen. Die Reihe der Bienenstöcke stand so weit wie möglich vom Haus entfernt, am hinteren Ende des Gemüsegartens, und die Familie hatte gelernt, die reizbaren Insekten mit Respekt zu behandeln. Doch zu Beginn des Frühjahrs, als die Bienen nach der Winterruhe noch schlaftrunken waren, setzte sich diese raffinierte Meise auf das Flugbrettchen unter der Öffnung zum Stock. Wenn sie ein wenig gegen das Flugbrettchen pickte, hatte sie herausgefunden, kamen kalte und müde Bienen herausgekrochen, um nachzusehen, was da draußen eigentlich vorging. Die Meise schnappte sich daraufhin eine Biene, pflückte säuberlich ihre Flügel ab und verspeiste den Rest des kleinen Honigproduzenten. Wie zahlreiche Imker vor und nach ihm war Großvater verzweifelt. Er klagte seinem vogelbegeisterten Sohn sein Leid, der inzwischen in der Hauptstadt ins Gymnasium ging und sich bereits ein Fernglas angeschafft hatte.

Wenn meine Erinnerung mich nicht täuscht, war Vater geradezu besessen von Vögeln. Das hieß zwar nicht, dass er zu langen Expeditionen verschwand oder viel Geld für sein Hobby ausgab, seine weitesten Vogelausflüge führten ihn nach Østfold hinunter und er war nicht oft unterwegs. Aber das Fernglas und sein gelbes Notizbuch hatte er wirklich überall und immer dabei, am Küchentisch, auf der Veranda, auf Spaziergängen in der näheren Umgebung und oben im Wald, auf den täglichen Pendelfahrten mit der Fähre nach Oslo und selbstverständlich auch bei allen Urlaubsreisen. Er protokollierte seine Beobachtungen genau und zeichnete seine Zeitreihen als Kurven mit rotem oder blauem Kugelschreiber auf Millimeterpapier.

Daheim half ich ihm, aus leeren Milchkartons Futterstationen zuzuschneiden, an denen sich Meisen und andere Kleinvögel bedienten. Es könnte um 1980 gewesen sein und den Tipp fanden wir, wenn ich mich nicht irre, auf einem der Milchkartons. Wir hängten sie mit Bindfäden in die Birke vor dem Wohnzimmerfenster, und ich hege den Verdacht, dass den Vögeln bei Wind ganz schön schwindlig wurde. Nistkästen mit Meisenfamilien hatten wir auch.

Was die Vögel anging, konnte ich mich jedoch nicht einmal ansatzweise mit Vaters Ausdauer messen. Es war spannend, geweckt zu werden, um nach der Eule zu suchen, die in der Nähe schuhute, oder ihn in den Wald zu begleiten, wenn die Birkhähne im Morgengrauen balzten. Es machte Spaß, die Enten in dem Tümpel in unserer unmittelbaren Nachbarschaft zu füttern. Auch die Aufregung, wenn ein seltener Raubvogel vorbeischwebte, war natürlich ansteckend. Ich mochte es, wenn Vater mir Vögel zeigte, aber das Beobachten der Tiere entwickelte sich bei mir nie zu einem Hobby. Vielleicht lag es daran, dass es schon einen Vogelbeobachter im Haus gab. Dadurch konnte es niemals ganz meine Sache werden, wie es das für Vater geworden war, als er aufwuchs und begann, das Leben der Vögel in einem immer größeren Radius um sein Elternhaus herum zu erforschen. Stattdessen interessierte ich mich in beinahe jeder anderen Weise für die Natur. Ich fing Insekten, Spinnen und viele andere Tiere und versuchte, sie in Gefangenschaft zu halten. Mein Kinderzimmer füllte sich mit immer neuen Aquarien, tropischen Orchideen und vielen verschiedenen Pflanzen. Ich schnorchelte, fischte und brach mit einem Freund zu langen Wanderungen im Wald auf. Später wurde uns erlaubt, im Wald auf Nesodden zu übernachten, am liebsten taten wir das unter freiem Himmel, und als wir alt genug waren, führten unsere Ausflüge uns in die Berge. Ein Fernglas besaßen wir nicht, aber wenn wir einen Steinadler sahen, war das schon ein Erlebnis.

Die Meisen und die anderen Vögel, in deren Nähe ich aufgewachsen war, bemerkte ich im Grunde erst, sobald sie nicht mehr da waren. Als meine eigenen Kinder klein waren, verbrachten wir ein knappes Jahr an der Westküste der USA, an der Bucht von San Francisco im nördlichen Kalifornien, wo sengende Sonne und Meernebelschwaden sich einen ewigen Kampf um die Vorherrschaft liefern. Dort gab es weder Kohl- noch Blaumeisen, ebenso wenig Elstern, Rotkehlchen und Amseln. Stattdessen waren die Gärten und Parks voller unbekannter Vögel, voller Junkos und Kolibris und Wanderdrosseln und blauschwarzer Diademhäher mit Federhaube auf dem Kopf, und auf Wanderungen begegnete man Truthahngeiern, Kaninchenkäuzen und Rotschulterstärlingen. Dort begann ich, mit einem Fernglas herumzulaufen. Anfangs lockte mich die Möglichkeit, exotische Arten zu sehen, aber als ich mich mit dem Vogelleben in unserer kalifornischen Umgebung vertraut machte, geschah mit der Zeit noch etwas anderes. Die Landschaft an der Küste des Stillen Ozeans erschien mir nicht mehr ganz so fremd. Ich fing an, mich dort heimisch zu fühlen.

Wieder in Norwegen, sah ich die Vögel mit ganz neuen Augen. Wir hatten uns auf Nesodden niedergelassen, nahe der Nordspitze und des Anlegers, an dem die Fähren uns Pendler einsammeln und in die Hauptstadt bringen, und fortan durfte mich das Fernglas immer öfter begleiten. In den Jahren nach meiner Rückkehr auf unsere Halbinsel im Oslofjord habe ich gelernt, wo die Baumpieper im Frühlingswald singen, und ich habe gelernt, auf das klingelnde Geräusch zu achten, das einen Schwarm Seidenschwänze ankündigt, der im Winter auf der Suche nach gefrorenen Vogelbeeren aus dem Norden hierher zieht. Noch wichtiger erscheint mir, dass ich gelernt habe, so unspektakuläre Vögel wie die Kohl- und die Blaumeise nicht zu verachten. Man bildet sich leicht ein, sie zu kennen. Aber sie haben mehr Geheimnisse, als man glaubt.

Im neuen Jahr

Jeden Winter wird in unserem Land eine Gartenvogelzählung durchgeführt. Tausende Norweger folgen dem Aufruf und teilen mit, welche Vögel zum Monatswechsel von Januar zu Februar bei ihnen zu sehen sind. Die Norwegische Ornithologische Gesellschaft addiert die Zahlen und veröffentlicht Listen über die meist beobachteten Arten. Die Gewinner sind jedes Jahr die gleichen: Kohlmeise und Blaumeise.

Sie sind nicht die am häufigsten anzutreffenden Vögel Norwegens. Das ist nämlich der Fitis, ein kleiner, olivgrüner Vogel, der im Frühjahr aus Afrika zu uns zieht und uns im Herbst wieder verlässt. Die Kohl- und Blaumeisen sehen die Leute am meisten, denn sie gehören zu den Arten, die ganzjährig hier sind und sich gern in der Nähe von Menschen aufhalten. Außerdem sind sie bunt und leicht zu erkennen.

In diesem Jahr beäuge ich die Meisen, die in unserem verschneiten Garten Sonnenblumenkerne fressen, ein wenig argwohnisch. Ich habe mir etwas gekauft, wogegen ich mich lange gesträubt habe: einen Nistkasten mit eingebauter Kamera. Die Meisen stehen für Kindheit, vergangene Zeiten und Natur, und es kommt mir irgendwie falsch vor, die Idylle mit Leitungen und Elektronik zu zerstören. Trotzdem hat meine Neugier über die Nostalgie gesiegt. So läuft es ja meistens.

Nun liegen Gebrauchsanweisung, Holzkasten, Kamera und sämtliche Leitungen ausgebreitet auf meinem Schreibtisch. Ich betrachte sie nach wie vor mit gemischten Gefühlen, während ich meinem jüngeren Sohn Petter erkläre, was ich da zusammenbaue. »EIN SPIONAGENISTKASTEN«, sagt der Siebenjährige in einem Tonfall, der sonst für Worte wie Süßigkeiten und Legoland reserviert ist. »Cool!«, kommentiert der zehnjährige Jo, als er nach Hause kommt nur wenig blasierter. Sieh einer an. Die Neuerwerbung erscheint mir allmählich wie ein Fortschritt.

Etwas später steige ich konzentriert die Aluminiumleiter hinauf, die halbwegs stabil an die Hauswand gelehnt steht. Der alte Nistkasten, den ich auswechseln möchte, hängt hoch. Die Wand zeigt nach Westen und hat Abendsonne, was sicher nicht die perfekte Position für einen Nistkasten ist, aber es sind darin trotzdem Vögel aus den Meisenjungen geworden. Seit ich den rot lackierten Kasten an die gleichfarbige Wand hängte, hat dort Jahr für Jahr eine Blaumeisenfamilie gewohnt. Und so entferne ich den rotlackierten Nistkasten und befestige den neuen Kasten mit Kamera an derselben Stelle. Während der alte rau und voller Splitter war, ist der neue holzfarbene Kasten glattgehobelt. An den Seiten hat er Plastikfenster, die zwar lichtdurchlässig, aber nicht durchsichtig sind. Die Kamera ist innen an die Decke montiert und aus der Rückwand führt ein langes, schwarzes Kabel heraus, das ich durch eine Lüftungsklappe am Giebel der menschlichen Behausung stecke, die so hoch ist, dass ich die Leiter loslassen und mich schwindelnd zu ihr hinstrecken muss, um die Leitung durch die Öffnung schieben zu können.

Angeblich soll es kinderleicht sein, die Kameraleitung an den Computer anzuschließen und die Software so zu installieren, dass sie reibungslos funktioniert. Es ist nicht kinderleicht. Nach einigem Herumprobieren können wir am Ende aber doch ein klares und gutes Bild aus dem Inneren eines vollkommen leeren Nistkastens bewundern. Bei Tageslicht ist es in Farbe. Wenn es dunkel wird, sieht man ein Schwarzweißbild des leeren Raums,

aufgenommen von einer Spezialkamera, die Infrarotlicht registriert, also Licht mit einer so langen Wellenlänge, dass weder
Vogelaugen noch das menschliche Auge es sehen können. Es gibt
sogar ein Mikrofon, das fürs Erste jedoch nur das Geräusch des
Windes einfängt, der vor dem Nistkasten rauscht.

Ich zeige meinem älteren Sohn, wie er die Liveübertragung
aus der Überwachungskamera als kleines Fenster auf dem Computerbildschirm öffnen kann. Ich bitte ihn, mir im Frühjahr bei der
Beobachtung zu helfen. Vielleicht übernachtet eine der Meisen in
dem Kasten, bevor sie endgültig einziehen. Das tun sie oft.

Eine Bleibe

Meisen leben bevorzugt in Höhlen. Viele andere Kleinvögel bauen
ihre Nester offen auf dem Erdboden oder in Bäumen und setzen
darauf, dass Tarnung und diskretes Verhalten der Eltern am Nest
ihre Eier und Jungen davor bewahrt, gefressen zu werden. Die
Meisen verschanzen sich dagegen, wenn irgend möglich, hinter
soliden Wänden. Sie bevorzugen Öffnungen, die gerade so breit
sind, dass sie selbst hindurchschlüpfen können.

Es gibt zwar mehr Meisenarten, aber in Wohnsiedlungen
und Städten begegnet man vor allem den beiden Sorten mit gelber
Brust, der Kohlmeise und der Blaumeise. Die beiden Arten sind
recht eng verwandt. Sie ähneln einander und haben eine ähnliche
Lebensweise. Einer der Gründe dafür, dass sie sich in der Nähe
von Menschen wohl fühlen, ist ihre Flexibilität bei der Wahl einer
Behausung.

Im Wald entscheiden sie sich am liebsten für Hohlräume und
Spalten in alten Bäumen. Ansonsten finden sie sich dort zurecht,
wo es gerade passt: unter Baumwurzeln, zwischen Steinen und
sogar in alten Ratten- und Mäuselöchern. Darüber hinaus benut-

zen Kohl- und Blaumeisen häufig von Menschenhand erschaffene Verstecke. Meisennester hat man in Briefkästen, Rohröffnungen, Schornsteinen, Straßenlaternen, Benzinkanistern, Flaschen, Stiefeln, Bienenstöcken und Hohlräumen in Gebäuden gefunden. Unter anderem. Eine wohl nur halbwegs glaubhafte Geschichte aus England berichtet, ein Blaumeisenpaar habe einst zwischen den Zähnen im Schädel eines erhängten Mörders genistet.

Heute beginnen sehr viele Kohl- und Blaumeisen ihr Leben in eigens dafür gebauten Nistkästen. Den Brauch, solche Vogelbehausungen aufzuhängen, kennt man in anderen europäischen Ländern schon seit dem Mittelalter. Damals steckte die Absicht dahinter, die Bewohner zu verspeisen. Allerdings waren es keine Meisen, die sich zum Einzug verleiten ließen, sondern Spatzen und Stare.

Im 19. Jahrhundert begannen Naturinteressierte, Nistkästen aufzuhängen, um die Vögel zu studieren. Sie bemerkten, dass die Meisen viele Insekten fraßen, und schon bald plädierten Vogelfreunde dafür, die Meisen einzuladen, sich praktisch überall niederzulassen, um den Menschen im Kampf gegen Schadinsekten zu helfen. »Als Insektenzerstörer sind sie zweifellos die nützlichsten aller Vögel, die unsere Wälder und Gärten bewohnen«, schrieb beispielsweise August Emil Holmgren bereits 1871 in seinem Buch *Die Vögel Skandinaviens* über die Meisen. Holmgren war Lehrer am Schwedischen Waldinstitut und meinte, jeder fleißige Bauer und Gärtner solle den Meisen helfen, indem er Nistkästen aufhänge. Wer das tue, könne sich über schöne und lebhafte Kleinvögel um sich herum sowie über Obstbäume und Beerensträucher freuen, die fast ohne Schadtiere seien, erklärte der Schwede. Er gab zu, dass die Kohlmeise zuweilen auf die Idee verfiel, Bienen zu jagen, behauptete aber, ohne dies jedoch näher zu erläutern, alle, die »ihre Bienen auf rationale Art hegen und pflegen«, hätten von den Meisen nichts zu befürchten.

Schließlich versuchten auch die Waldbesitzer, Meisen zu rekrutieren, um den Wald davor zu bewahren, kaputtgenagt zu werden. In Deutschland soll ein Baron von Berlepsch 1905 etwa zweitausenddreihundert Nistkästen auf seinen Gütern installiert haben.

»Wenn sich die Blaumeise an Obst vergreift, zum Beispiel an Pflaumen, ist es völlig offensichtlich, dass die Frucht wurmstichig ist. Es ist also nicht die Frucht, sondern die Raupe in dieser, an die der Vogel herankommen möchte«, versichert Herman L. Løvenskiold in seinem *Handbuch über die Vögel Norwegens* von 1947. Systematische Versuche auf niederländischen Apfelplantagen in neuerer Zeit deuten darauf hin, dass die Obstbauern tatsächlich ihre Ernteerträge verbessern konnten, wenn sie sich um Meisen bemühten. Wo Nistkästen zwischen den Obstbäumen hingen, gab es weniger wurmstichige Äpfel.

Die meisten, die heute Nistkästen aufhängen, tun dies sicher, weil sie Singvogelfamilien in ihrer Nähe haben wollen, aber die Hoffnung, lästige Insektenlarven loszuwerden, trug mit dazu bei, dass es zu einer weitverbreiteten Sitte wurde. Unabhängig vom wirtschaftlichen Nutzen sind die Nistkästen für Kohl- und Blaumeise von großem Vorteil. Sie werden nicht nur gebaut und montiert, um ihren Bewohnern einen bestmöglichen Schutz zu bieten, ihren Besitzern wird sogar geraten, die Kästen alljährlich zu leeren und zu säubern. Das macht den blutsaugenden Flöhen den Garaus, die man sonst so häufig in alten Nestern findet.

Der Klang des Frühlings

An einem Sonntag Anfang Februar hören wir durch die geschlossenen Wohnzimmerfenster Vogelrufe. Es ist ein Meisentrupp, der endlich die Körner entdeckt hat, mit denen ich am Freitagnachmittag den Futterspender gefüllt hatte. Einige Vögel kommen mit einem hellen »pink!«. Andere zwitschern schnarrend, vielleicht sehen sie uns hinter dem Fenster und warnen einander. Ab und zu hört man außerdem eine Kohlmeise, die ihren Frühlingsgesang erprobt, zwei einfache Töne: tsi-da tsi-da tsi-da.

»Oh, dieser Klang erinnert einen an den Frühling«, sagt Katrine, die meines Wissens noch nie einen Kleinvogel anhand seines Gesangs bestimmt hat. Die Meisenrufe lassen sie nun an eine Tasse Kaffee vor einer sonnenbeschienenen Wand, an Krokus und schneefreie Stellen denken. Der Garten vor unserem Fenster ist vorerst noch schneebedeckt, aber leichter Regen liegt in der Luft und ein Kohlmeisenpaar inspiziert einen Nistkasten in der Kiefer südlich des Hauses. Das Weibchen verschwindet im Inneren und kommt wieder heraus, untersucht den Kasten sorgfältig von innen und außen. Das Männchen sitzt in der nackten Eberesche nebenan und beobachtet alles. Es hüpft herum, wirkt erregt. Ab und an singt es eine Strophe.

Der Kasten aus Kiefernholz ist traditioneller Art, unlackiert und aus rohen, ungeschliffenen Bretterstücken zusammengenagelt. Lars Petter und Mariane haben ihn mir zu meinem vierzigsten Geburtstag geschenkt. Sie arbeitet als Leiterin von Remontér AS, einer Werkstatt für behinderte Menschen, deren Träger die Kommune Nesodden ist und in der neben vielem anderen auch solche Nistkästen geschreinert werden. Das Logo ist ins Holz eingebrannt. Besorgt frage ich mich, ob die Meisen diesen guten, altmodischen Kasten aus Kiefernholz dem neumodischen Kamerakasten an der Hauswand vorziehen werden, so dass wir alles verpassen, was im Inneren geschieht. Oder bekommen wir dieses Jahr zwei Meisenfamilien? Aus diesem Grund habe ich den Kiefernholzkasten jedenfalls hängen gelassen.

In dieser Phase des Jahres bahnt sich im Leben der Meisen eine gewaltige Veränderung an. Man hört es: Zusätzlich zu den unterschiedlichen Rufen, mit denen die Vögel untereinander Kontakt halten und sich gegenseitig vor Gefahren warnen, beginnen die Männchen zu singen. Der Gesang des Meisenmännchens ist melodischer und ausdauernder als die anderen Meisenrufe und spielt eine ganz eigene Rolle. Mit seinem Gesang verkündet das Männchen, dass es das Gebiet, in dem es singt, in Besitz nimmt, es ist eine Herausforderung an andere Männchen, die sich möglicherweise für dasselbe Gebiet interessieren, und darüber hinaus eine Einladung an das Weibchen. Im Herbst und Winter geben viele Kohl- und Blaumeisen ihr Revier auf und streifen auf der Suche nach Futter frei umher. Wer bleibt, versucht nicht länger, andere davon abzuhalten, sich in seinem Territorium aufzuhalten. Im Winter ist es einfach wichtiger, satt zu werden. Wenn der Frühling naht, haben Grenzpatrouillen – und der Gesang – jedoch wieder oberste Priorität.

Im Inneren der Meise geschehen andere große Veränderungen, die für uns unsichtbar bleiben. Sie kommen kurz gesagt Jahr für Jahr in die Pubertät. In ihren kleinen Körpern, die bis dahin ganz darauf eingestellt waren, zu fressen und Gefahren aus dem Weg zu gehen, wüten die Hormone. Die Geschlechtsorgane, die im Körper verborgen liegen, sind im Laufe von Sommer und Herbst stark geschrumpft. Im Frühling wachsen sie dann wieder. Ei- und Samenzellen reifen heran. Auch das Gehirn verändert sich, so wachsen unter anderem jene Teile im Gehirn des Männchens, die den Gesang steuern. Wahrscheinlich wird bei vielen Vögeln das Gehör geschärft, damit beide Geschlechter den Gesang des Männchens besser wahrnehmen und bewerten können.

Das Startsignal für die alljährliche Pubertät der Meisen geben die stetig länger werdenden Tage im Frühjahr. Das Tageslicht löst eine Kettenreaktion von Hormonen aus, die im Gehirn beginnt, aber schon bald den ganzen Körper erfasst. Viele dieser Hormone tragen vertraute Namen wie Melatonin, Östrogen, Testosteron und Thyroxin. Auch wenn sie chemisch nicht mit unseren Hormonen identisch sind, so sind sie doch eng mit ihnen verwandt. Das Hormonsystem ist ein Teil des gemeinsamen Erbes, das Menschen, Meisen und andere Wirbeltiere (Tiere mit Wirbelsäule und Schädel) von den gemeinsamen Vorfahren übernommen haben. Dieses chemische Signalsystem funktioniert so gut und flexibel, dass die Evolution es über Millionen von Jahren hinweg bewahrt hat, aber welche Signale wann ausgesandt werden, hängt selbstverständlich ganz davon ab, an welche Lebensweise der einzelne Organismus sich angepasst hat.

Man sollte annehmen, die Augen gäben Bescheid, wenn die dunkle Jahreszeit vorüber ist, aber ganz so einfach ist es nicht. Vögel verfügen nämlich zusätzlich über spezielle lichtempfindliche Zellen tief im Gehirn, die zwar nicht zum Sehen benutzt werden können, aber die minimalen Mengen von Licht registrieren, die bis zu ihnen vordringen. Deshalb bekommen selbst blinde Vögel angesichts länger werdender Tage Frühlingsgefühle.

Jemand, der zu mir passt

Meisen schließen sich zu Paaren zusammen, die sich im Frühjahr gemeinsam um die Jungen kümmern. So ist es zwar bei den meisten, aber längst nicht bei allen Vögeln. Man nehme nur die Stockenten, die in sämtlichen Seen auf Nesodden schwimmen. Die farbenprächtigen Erpel (die Väter) sammeln sich in eigenen Sommerschwärmen, die für sich bleiben, während die braungefleckten alleinerziehenden Mütter die Eier ausbrüten und anschließend ihren jeweiligen Konvoi aus Daunenknäueln durch Schilf und Wasserlilien lotsen. Oder eine andere Entenart, die Eiderenten, die unten im Fjord nach Krabben und Garnelen tauchen: Auch bei ihnen machen sich die farbenfrohen Väter aus dem Staub, aber die Eiderentenmütter arbeiten bei der Aufzucht der Kinder zusammen und versammeln ihre Jungen zu einer Art schwimmendem Familienkindergarten.

Die Meisenmutter braucht dagegen einen Mann, der sie unterstützt. Ohne seine Mithilfe schafft sie es nicht, die Jungen durchzufüttern.

Wie und wann die Meisen einen Partner oder eine Partnerin finden, ist ein wenig rätselhaft. Vielleicht geschieht es ja ähnlich variabel und unvorhersehbar wie beim Menschen. So kann das Zusammenleben damit beginnen, dass ein Meisenweibchen heranfliegt und beschließt, sich bei einem einzelnen Männchen niederzulassen, das in seinem Revier sitzt und lockt und singt. Manche Meisen kommen im Frühjahr aber auch als etablierte Paare geflogen und suchen sich gemeinsam ein Revier. Manche Paare nisten Jahr für Jahr zusammen. Wenn die Brutzeit bei Kohlmeisen erfolglos verläuft, scheint es vor der nächsten Saison häufig zur Scheidung zu kommen, aber die Partner können sich auch aus anderen Gründen trennen. Vielleicht verlieren sie sich bei Ausflügen zur Futtersuche im Laufe des Winterhalbjahrs, oder einer der Partner fühlt sich zu einer anderen Meise hingezogen.

Die Partnerwahl ist für die Meisen jedenfalls von entscheidender Bedeutung. Ihnen bleiben nur wenige Brutzeiten, um sich fortzupflanzen, so dass es darauf ankommt, dies mit jemandem zu tun, der dazu taugt. Gerade die Weibchen haben besonders gute Gründe, wählerisch zu sein. Die einzige Möglichkeit, Nachwuchs durchzubringen, besteht für sie darin, dass bei den Jungen, die das Paar gemeinsam aufzieht, alles gelingt. Die Männchen können dagegen auch die biologischen Väter von Jungen werden, die in den Nestern anderer Paare groß werden.

Das Weibchen sucht also nach einem zuverlässigen Männchen, das sich seinem Teil der Aufgabe bei der Aufzucht der Brut gewachsen zeigt und darüber hinaus über gute Gene verfügt, die an die gemeinsamen Sprösslinge weitergegeben werden. Das bedeutet nicht unbedingt, dass es an Eier und Junge denkt, wenn es sich nach einem männlichen Partner umschaut. Vielleicht tut es das, vielleicht auch nicht. Wir Menschen denken häufig ganz anders, wenn wir zusammenfinden, wir fühlen uns einfach zu jemandem hingezogen, sind bezaubert und verlieben uns in den anderen, und wenn wir nicht in einem Alter sind, in dem es allmählich Zeit wird, eine Familie zu gründen, dauert es manchmal eine ganze Weile, bis sich Gedanken dieser Art einstellen. Allerdings ist auch unsere Fähigkeit, uns gegenseitig anzuziehen und ineinander zu verlieben, auf natürliche Weise entstanden, weil sie die Frage der Nachfahren sicherstellt.

Das Meisenweibchen interessiert sich offenbar für das Aussehen des Männchens. Wie für den Menschen sind auch für Vögel Sehvermögen und Gehör die wichtigsten Sinne. Obwohl Sie und ich Säugetiere sind, benutzen wir unsere Sinne in einer Weise, die eher an Vögel als an die meisten pelzigen säugenden Lebewesen erinnert, die häufig wesentlich weiter entwickelte Geruchsorgane besitzen als wir. So leben Hunde in einer Welt aus Düften, während Menschen und Meisen die wichtigsten Eindrücke mit Augen und Ohren wahrnehmen.

Aber wie sieht ein attraktives Meisenmännchen aus? Es hat auf jeden Fall schöne Farben. Kohlmeisenweibchen liegt viel an dem breiten schwarzen Brustband des Männchens. Sie bevorzugen Exemplare mit breiter und ausgeprägter Krawatte. Eine kräftige gelbe Farbe auf der Brust dürften beide Geschlechter attraktiv finden, die Blaumeisen genauso wie die Kohlmeisen. Eine intensive gelbe Farbe deutet nämlich darauf hin, dass der Vogel sich gut ernährt hat, da die gelbe Farbe eine direkte Folge der Kost, vor allem der grünen Spannerraupen ist, von denen die Meisen im Vorsommer viele verspeisen. Die Raupen beziehen die gelben Farbstoffe, Carotine genannt, aus den Blättern, die sie fressen. Diese Farbstoffe befinden sich den ganzen Sommer in den Blättern, werden aber erst als gelbe Herbstfarben sichtbar, wenn die Bäume das grüne Chlorophyll aus den Blättern herausziehen, um es bis zum nächsten Frühjahr zu speichern.

Vermutlich haben Kohl- und Blaumeisen ein so farbenprächtiges Federkleid erhalten, weil farbenprächtige Individuen am begehrtesten sind und somit die meisten Kinder bekommen. Die kräftigen Farben sind der sichtbare Beweis dafür, dass die Vögel gesund und wohlgenährt sind. Ist das der Fall, stehen die Chancen besser, dass sie der harten Arbeit gewachsen sein werden, die sie leisten müssen, um ihre Jungen aufzuziehen. Die Farbpracht kann außerdem darauf hindeuten, dass der Vogel gute Gene an die nächste Generation weitergeben wird, was die Chancen der Jungen verbessert, zu überleben und sich schließlich selbst fortzupflanzen. Außerdem deuten schöne Farben an, dass der Vogel nicht von übermäßig vielen Flöhen, Läusen oder Bakterien befallen ist, die ihn schwächen. Eine Meise, die sich mit einem farbenprächtigen Partner paart, verringert auf diese Weise das Risiko, sich mit etwas anzustecken. Aber wie gesagt, wir haben keine Anhaltspunkte dafür, dass die Vögel so denken. Vielleicht halten sie nur nach bestimmten Mustern Ausschau, die sie als schön empfinden. Vielleicht fühlen sie sich von Vögeln mit einem bestimmten Aussehen unwiderstehlich angezogen. Die natürliche Selektion favorisiert eine zweckmäßige Partnerwahl mit dem Ziel, möglichst viele Nachkommen zu erhalten, unabhängig davon, welche Gedanken, Gefühle oder Impulse die Wahl beflügeln.

Der Steckbrief

Wegen ihrer klaren Farbgebung sind die Meisen auch für Menschen leicht zu erkennen.

Für die Kohlmeise gilt folgender Steckbrief: Pechschwarzer Kopf mit großen weißen Feldern auf der Wange. Gelbe Brust mit einem schwarzen, senkrechten Band in der Mitte. Kein anderer norwegischer Vogel weist diese Kombination auf.

Auch das restliche Federkleid der Kohlmeise ist hübsch – der Rücken ist grünlich, während die Flügel und der Schwanz blaugrau sind. Die Flügel ziert ein schmaler, heller Querstreifen.

Die Blaumeise unterscheidet sich durch das Muster auf ihrem Kopf von allen anderen norwegischen Vögeln. Die Oberseite des Kopfs ist blau. Ansonsten ist er größtenteils weiß, zeigt aber einen schmalen, dunklen Streifen vom Nacken zum Auge und weiter bis zum Schnabel.

Der restliche Körper ist dem der Kohlmeise sehr ähnlich, aber die Blaumeise wird ihrem Namen mit etwas mehr Blau im Federkleid gerecht. Sieht man die beiden Arten zusammen, erkennt man, dass sie deutlich kleiner ist als die Kohlmeise. Sie ist leicht genug, um selbst auf den äußersten Zweigen nach Futter zu suchen und hängt dabei gern kopfüber von ihnen herab.

Pfaue und Meisen

Vieles vom schönsten, was die Natur unserem Auge zu bieten hat, ist durch das entstanden, was die Biologen sexuelle Selektion nennen. Eingeführt wurde der Begriff von Charles Darwin, als er Eigenschaften erklären wollte, die auf den ersten Blick wie Nachteile wirken, zum Beispiel die fantastischen Schwanzfedern des Pfauhahns. Darwin schrieb einmal in einem Brief, bei ihrem Anblick werde ihm übel, da es ihm nicht gelinge, sie mit seiner Theorie der Evolution durch natürliche Selektion in Einklang zu bringen! So ist dieser Schwanz doch schlicht im Weg, wenn der Vogel zum Beispiel vor einem Fuchs fliehen muss, außerdem fällt einem der Pfau leicht ins Auge. Wenn ein hübscher Schwanz die Pfauenhühner jedoch effektiv davon überzeugt, dass dieser Hahn es verdient hat, von ihnen als Vater ihrer Kinder auserkoren zu werden, oder Rivalen davon überzeugt, dass es sich angesichts seiner Stärke nicht lohnt, gegen ihn zu kämpfen, kann der Schwanz alles in allem dennoch seine Chancen erhöhen, viele Nachfahren zu zeugen – die seine Veranlagung für schöne Schwanzfedern erben –, selbst wenn derselbe Schwanz zugleich die Gefahr in sich birgt, gefressen zu werden.

In den letzten Jahrzehnten haben die Biologen die Theorie

der sexuellen Selektion so weiterentwickelt, dass wir Dinge, die wir in der Natur beobachten, besser verstehen. Dass die Männchen bei den meisten Tieren auffälliger aussehen als die Weibchen, liegt demnach kurz gesagt daran, dass wesentlich mehr Energie erforderlich ist, um eine große Eizelle zu produzieren, als eine kleine Samenzelle zu entwickeln. Deshalb gibt es nur wenige und begehrte Eizellen, und die Männchen konkurrieren darum, sie zu befruchten, und das eben auch, indem sie die Weibchen mit ihrem Aussehen beeindrucken.

Dieses Ungleichgewicht zwischen den Geschlechtern ist immer dort am größten, wo das Männchen mit nichts anderem als seinen Samenzellen zur nächsten Generation beiträgt. So verhält es sich etwa bei den bereits erwähnten Stock- und Eiderenten, und der Kontrast zwischen den tollen Farben der Erpel im Frühjahr und dem biederen, braungefleckten Federkleid der Weibchen könnte kaum größer sein. Leistet das Männchen einer Art jedoch einen größeren Beitrag, zum Beispiel, indem es Futter für Mutter und Kind beschafft, hat es auch etwas Wertvolles anzubieten und damit mehr Grund, bei der Wahl seiner Partnerin wählerisch zu sein. Beide Seiten müssen den anderen überzeugen, die Mühe wert zu sein. So ist es bei den Meisen (und bei uns), was der Grund dafür sein könnte, dass Männchen und Weibchen sich wesentlich ähnlicher sehen als das bei den Stock- und Eiderenten der Fall ist.

Dennoch weisen die Kohlmeisen gut sichtbare Unterschiede zwischen den Geschlechtern auf. Bestes Kennzeichen ist das schwarze Brustband. Beim Männchen ist es breiter und dehnt sich den Bauch hinunter aus, so dass es bis zu den Beinen reicht. Bei den Weibchen wird es schmaler und verschwindet auf dem Weg über den Bauch völlig.

Blaumeisenweibchen und -männchen sehen sich dagegen sehr ähnlich, besser gesagt, in unseren Augen sehen sie sich ähnlich und bis vor kurzem nahmen die meisten Vogelexperten an, dass die Meisen das genauso sehen. Sie haben sich geirrt.

Seit den siebziger Jahren wissen die Forscher, dass Vögel

Geschlechtsunterschiede bei Kohlmeisen (Männchen links).
Das schwarze Brustband ist beim Männchen breiter und
verbreitert sich im unteren Bauchbereich.

mehr Farben wahrnehmen als Menschen. Im menschlichen Auge gibt es drei Arten farbempfindlicher Zellen, die zusammen alle Farben des Regenbogens sehen können (Hunde und viele andere Säugetiere haben nur zwei Arten und sehen weniger Farben). Außerhalb des sichtbaren Spektrums liegen Lichtstrahlen mit Wellenlängen, die unsere Augen nicht registrieren. Am Ende des sichtbaren kurzwelligen Lichts steht Violett. Noch kurzwelligeres Licht nennt man ultraviolett. Die Vögel besitzen vier Arten farbempfindlicher Zellen und eine von ihnen registriert Licht auch noch ein gutes Stück in den ultravioletten Bereich hinein.

Wie sich inzwischen herausgestellt hat, sind die Blaumeisen ultraviolette Meisen. Kurz vor der Jahrtausendwende entdeckten Wissenschaftler, dass das Federkleid von Männchen und Weibchen im ultravioletten Bereich einen markant unterschiedlichen Farbton aufweist und es zudem bedeutende Unterschiede zwischen den einzelnen Individuen gibt. Die Forscher, die dies ermittelten, fanden außerdem Belege dafür, dass Meisenweibchen Männchen mit besonders klarer und schöner ultravioletter Farbe auf dem

Scheitel des Kopfs – also bei den Federn, die der Mensch als blau wahrnimmt – bevorzugten. Dies erregte so viel Aufmerksamkeit, dass sich eine ganze Reihe weiterführender Studien anschloss. Die Ergebnisse sind in der Frage, welche Bedeutung die für uns unsichtbaren Farbunterschiede für die Meisen haben, ein wenig widersprüchlich. Sicher aber ist, dass sie einander in einem anderen Licht sehen.

Süße Musik

Ich weiß nicht, wie sie einander gefunden haben, die beiden Kohlmeisen, die mir zum ersten Mal ins Auge fielen, als sie an einem Sonntag im Februar den Nistkasten in der Kiefer untersuchten. Aber da sie gemeinsam zur Wohnungsbesichtigung erschienen, waren sie da zweifellos schon ein Paar. Vielleicht waren sie sich gerade erst begegnet. Vielleicht hatten sie aber auch den ganzen Herbst und Winter zusammen verbracht, sie könnten sogar im Vorjahr gemeinsam genistet haben, möglicherweise in der Nachbarschaft, mit Sicherheit jedoch nicht in unserem Garten. Das hätte ich gemerkt. Ich habe keine Ahnung, was ihnen aneinander gefallen hat, aber sie waren beide schön, und seine Brust war hübsch und schwarz.

Gefiel ihr seine Gesangsstimme? Mich beeindruckte sie jedenfalls. Im Laufe des Frühjahrs fiel mir auf, dass er einen anderen Schwung in den Tönen hatte als die Nachbarmeisen. Am Ende war ich überzeugt, immer heraushören zu können, ob dieses Männchen oder eine andere Kohlmeise sang.

Der für die Kohlmeise typischste Gesang besteht aus zwei Tönen, die rhythmisch wiederholt werden, entweder so: ti-ta ti-ta ti-ta, oder so: ti-ti-ta. Das Tonintervall ist ähnlich wie bei einer Feuerwehr- oder Polizeisirene, die ta-tüü macht. Allerdings gibt es etliche Variationen in den Strophen und im Klang. Gelegentlich erinnert einen der Kohlmeisengesang an eine quietschende Fahr-radpumpe, bei anderen Gelegenheiten klingen die Töne klar und rein. Lauscht man einem singenden Kohlmeisenmännchen, stellt man häufig einen Wechsel zwischen mehreren einfachen, aber unterschiedlichen Motiven fest. Forscher, die den Gesang der Kohlmeise untersucht haben, fanden heraus, dass die Meisen laufend neue Gesänge von ihren Nachbarn lernen. Wenn sie ein neues Thema aufgreifen, streichen sie häufig eines der alten aus ihrem Repertoire. Dadurch variiert es von Ort zu Ort und Jahr zu Jahr, welche Gesänge gerade in Mode sind.

Das Stimmregister der Blaumeise geht eher in Richtung der höchsten Töne als das der Kohlmeise, wie man es auf Grund ihrer Größe wohl auch angenommen hätte. Der typischste Blaumeisen-gesang besteht aus zwei, drei spitzen, hellen Tönen gefolgt von einem schnellen Triller in einer etwas tieferen Tonlage. Zi-zie-zirrr oder sii-si-si-sa-sa-sa-sa-sa-sa oder etwas in dieser Art mit zahlreichen Variationen.

Auch die Weibchen singen mitunter, jedenfalls bei den Kohl-meisen, aber der Gesang ist in erster Linie eine Sache der Männchen. Im Frühjahr legen sie bei ihrer Futtersuche und anderen Tätigkeiten mehrmals täglich eine Pause ein, lassen sich an einer gut sichtbaren Stelle nieder und singen aus vollem Hals, oft eine Viertelstunde oder länger.

So wie das Federkleid enthüllt, ob der Vogel gesund und gut genährt ist, kann auch der Gesang genutzt werden, um die Eigenschaften des Männchens zu bewerten. So stellten Forscher in Belgien fest, dass die Qualität des Gesangs von Kohlmeisenmännchen im Frühjahr darauf hindeutete, ob sie ein Jahr später noch am Leben waren. Allem Anschein nach lauscht das Weibchen bei der Partnerwahl aufmerksam dem Gesang. Männchen, die zwar ein Revier, aber keine Partnerin haben, singen jedenfalls besonders viel. Hat sich ein Weibchen zu ihm gesellt, singt das Männchen weniger, und wenn es von der Partnerin verlassen wird oder diese stirbt, singt es wieder mehr.

Auch der Gesang der Männchen ist durch sexuelle Selektion entstanden. Er soll unter anderem auf die guten Eigenschaften des Sängers hinweisen. Damit andere es für angebracht halten, solchen Signalen ihre Aufmerksamkeit zu schenken, müssen sie schwer zu meistern sein. Sonst würde die natürliche Auswahl dafür sorgen, dass alle Individuen begehrenswert sind, die über solche auffälligen Eigenschaften verfügen. Vielleicht machen schlicht der Luxus, sich von der Suche nach Nahrung freinehmen zu können, und die Anstrengung, die erforderlich ist, um dort zu sitzen und zu tirilieren, den Gesang zu einer Kraftprobe, die es verdient, beachtet zu werden. Denkbar ist auch, dass die Teile des Gehirns, die den Gesang steuern, möglicherweise besonders empfindlich auf Unterernährung oder andere Schwierigkeiten in den ersten Lebensmonaten der Meise reagieren, in denen diese spezialisierten Nervenzellen gebildet werden. Ein Vogel, der gut singt und in der Lage ist, die gerade aktuellen Gesänge in seiner Nachbarschaft zu lernen, hatte mit anderen Worten eine gute Kindheit. Das deutet auf tüchtige Eltern oder die Fähigkeit hin, sich auch unter schwierigen Lebensumständen zu behaupten – Eigenschaften, die möglicherweise weitervererbt werden. So oder so führt eine gute erste Lebensphase dazu, dass der Sänger sich der harten Arbeit, genügend Futter für die Jungen heranzuschaffen, eher gewachsen zeigt.

Sexuelle Selektion hat zwei Seiten: Signale wie Singvermögen und farbenprächtiges Federkleid können die Chancen der Meise verbessern, sich fortzupflanzen, indem Partner angezogen und Konkurrenten abgeschreckt werden. Im Frühjahr herrscht ein harter Konkurrenzkampf um die Reviere, und wer das beste in Besitz nimmt, hat auch die besten Aussichten, viele lebensfähige Junge flügge zu bekommen, und der Kampf um die Reviere wird dabei größtenteils mit Gesang ausgefochten.

Er funktioniert wie ein Besetztzeichen. Jede Vogelart hat ihren eigenen Gesang, und der klärt alle, die ihn hören, darüber auf, dass an diesem Ort bereits ein Kohlmeisenmännchen lebt (oder um welche Art auch immer es gehen mag). Und da der Ortsansässige fast immer willens ist, härter zu kämpfen als ein Eindringling, werden andere Kohlmeisenmännchen auf der Suche nach einem Revier, in dem sie sich niederlassen können, zurückschrecken, sobald sie einen Artgenossen singen hören. Ein gutes Revier, in dem keiner singt, wird dagegen rasch erobert.

Der Gesang des Männchens sagt jedoch weitaus mehr als nur »besetzt«. Wie erwähnt, können die anderen Meisen wahrscheinlich hören, ob der Sänger in guter Verfassung ist, was möglicherweise eine Rolle spielt, wenn ein Nachbar erwägt, sein Glück in einem Kampf um das ganze Revier zu versuchen. Die Zuhörer hören wohl auch heraus, ob der Sänger kampflustig oder eher entspannt ist. Außerdem hören sie, wer da singt. Die Kohlmeise in der Kiefer erkennt jede Nachbarmeise an der Stimme und weiß, welche Erfahrungen sie bereits mit ihr gemacht hat.

Hört das Männchen eine andere Kohlmeise – eine benachbarte oder fremde –, an die es sich direkt wenden möchte, kann es mit derselben Gesangsstrophe antworten, die der andere angeschlagen hat. Wenn der eine Part dann den Gesang wechselt (zum Beispiel von ti-ta-ti-ta zu ti-ti-ta), kann der andere ihm folgen und zum selben Gesang wechseln. So wird jedem klar, dass die beiden füreinander singen.

Gleichwohl besteht ein großer Unterschied zwischen einem Gesangsduell unter Nachbarn, das in gebührendem Abstand voneinander stattfindet, und dem Klang eines hitzigen Grenzkonflikts oder Kampfs um den Besitz eines Reviers. Ein höflicher Dialog zwischen Nachbarn, die nicht beabsichtigen, einander herauszufordern, vollzieht sich in der Regel so, dass die Meisen abwechselnd singen. Dem anderen in den Gesang zu fallen ist dagegen eine Provokation und lässt den Konflikt eskalieren.

Die Männchen lauschen insgeheim den Gesangsduellen zwischen Nachbarn und machen sich so ein Bild von ihrer jeweiligen Stärke. Auch die Weibchen verfolgen das Geschehen. Im dänischen Hillerød wurden Kohlmeisen mit angeblich singenden Eindringlingen konfrontiert. In Wahrheit handelte es sich jedoch um Forscher, die sich mit einem Abspielgerät in der Nähe versteckten. Der fiktive Eindringling demütigte einige Männchen in der Umgebung aufs Übelste, indem er mitten in ihrem Revier sang, ihren Gesang unterbrach, die eigenen Gesangsstrophen im Laufe des Duells verlängerte. Ich bin mir sicher, dass der ortsansässige Vogel ziemlich verzweifelt war, weil er diesen Frechdachs, den er doch hörte, einfach nicht finden konnte.

Der gleiche fiktive Eindringling besuchte auch das Nachbarrevier (wo die Forscher den gleichen Gesang abspulten), aber dort wurde der Eindringling zahm, als der Besitzer widersprach, sang immer kürzer, mit längeren Pausen und vermied es, in die Gesangsstrophen des anderen hineinzusingen.

Das Ergebnis? Sieben von neun Weibchen, die Zeuge wurden, wie der Partner das Gesangsduell gegen den Eindringling verlor, zogen kurz nach diesem Besuch in ein Nachbarrevier. Sechs von ihnen wählten das Revier eines Männchens, das soeben ein Gesangsduell mit dem genannten Eindringling gewonnen hatte. Unter den neun Weibchen, die hörten, wie der Partner das Gesangsduell gewann, besuchte nur eines das Nachbarrevier. Das alles geschah mitten in der Paarungszeit, und selbst wenn die Wissenschaftler es nicht mit Bestimmtheit sagen können, nehmen sie doch an, dass das Interesse des Weibchens, sich mit dem erfolgreichen Nachbarn zu paaren, zunimmt, wenn der eigene Partner ein Duell verliert.

Rund um unsere Häuser erstrecken sich auf diese Weise unsichtbare soziale Netzwerke, in denen die Vögel ziemlich komplizierte Informationen austauschen, ohne sich von Angesicht zu Angesicht zu begegnen, was einen durchaus an andere Netzwerke erinnern mag, mit denen wir Menschen derzeit häufig beschäftigt sind.

Unser Haus liegt an dem Hang, der auf der Ostseite Nesoddens zum Bunnefjord abfällt. Von unserem Küchenfenster aus blicken wir auf Oslo. Ursprünglich war dies eins von mehreren hundert Sommerhäusern, die zwischen den Kriegen von Städtern errichtet wurden, die ihre Ferien am Fjord verbringen wollten. Seither sind viele Sommerdomizile wie unseres zu permanenten Wohnhäusern umgebaut oder abgerissen worden, um moderneren Behausungen Platz zu machen, aber einige unserer Nachbarn sind bis heute Sommergäste, die mit den Staren und Schwalben zu uns ziehen.

Der Garten an unserem Haus ist ungefähr tausend Quadratmeter groß. Im Laufe des Märzes kristallisierte sich heraus, dass das Kohlmeisenpaar dieses Gebiet in Besitz genommen hatte. Der Verkehr rund um den mit Sonnenblumenkernen gefüllten Futterspender kam zum Erliegen. Abgesehen von unserem Kohlmeisenpaar in der Etablierungsphase schauten am häufigsten zwei Blaumeisen vorbei, die manchmal von den Kohlmeisen verjagt wurden, manchmal aber auch nicht. Als die Gesangsaktivitäten des Männchens im April ihren Höhepunkt erreichten, bemerkte ich, dass es auch ein paar Nachbargrundstücke kontrollierte. Es sang ebenso gern in den Kiefern und Birken der Nachbarn wie bei uns. Zwar hörte ich auch andere Kohlmeisenmännchen, die ihm in der Ferne antworteten, sah aber nur selten eins.

Für die Kohlmeisen ist es völlig ausgeschlossen, sich mit den 750 Quadratmetern zu begnügen, die im Bebauungsplan der Kommune als Mindestgrundstücksgröße in unserer Gegend festgelegt wurden, die immer dichter besiedelt wird, was, weil sie in unmittelbarer Nähe zur Hauptstadt liegt, nicht wirklich überrascht. Die Vögel beanspruchen dagegen mindestens 2500 Quadratmeter für sich, manchmal auch bis zu 30 000 Quadratmeter, wenn das Gebiet weniger attraktiv ist und deshalb weniger Gedränge herrscht. Im Frühjahr kommt es entlang der unsichtbaren Linien, die das Gebiet aufteilen, laufend zu Streitigkeiten und Grenzkonflikten zwischen den Meisen, jedenfalls habe ich das gelesen, aber da dieses Jahr keine Meisengrenze durch unseren Garten führt, bekomme ich von diesen Konfrontationen kaum etwas mit.

Es gibt andere Vögel, die gern auf engem Raum zusammenbleiben, ähnlich wie es die Bewohner der Mietshäuser und Reihenhaussiedlungen tun, in denen wir lebten, bevor wir hierher zogen. Wenn man Nistkästen für Stare oder Feldsperlinge anbringt, dürfen diese ruhig eng nebeneinander hängen. Für die Frage, warum die Meisen (wie viele andere Vögel auch) ein eigenes, privates Gebiet haben möchten, bevor sie eine Familie gründen, kursieren mehrere Erklärungsansätze. Ein Grund könnte sein, dass sie sich das alleinige Anrecht auf die Nahrung in einem solchen Gebiet sichern müssen, um ihre großen Gelege aufziehen zu können. Meisen legen nämlich mehr Eier als andere Kleinvögel. Ein anderer Grund dafür, dass Meisen ein exklusives Areal benötigen, könnte lauten, dass verstreut lebende Meisen weniger von Raubtieren bedroht sind, die Eier und Jungvögel jagen. Die Plünderung von Meisennestern in engen Höhlen kann sich als durchaus schwierig erweisen und erfordert wahrscheinlich Übung. Wenn das Meisenpaar für einen komfortablen Abstand zu anderen Meisenfamilien sorgt, lohnt es sich für den örtlichen Specht, Baummarder oder Hermelin vielleicht nicht, zum Meisenspezialisten zu werden. Eine dritte Erklärung besagt, dass der Abstand dem eifersüchtigen Männchen entgegenkommt, weil er die Gefahr verringert, dass seine Partnerin sich mit dem Nachbarn paart.

Ich behaupte nicht, dass die Meisen an all diese Dinge denken. Niemand weiß, woran sie denken, aber offensichtlich wollen sie Abstand zwischen den Nestern halten und verteidigen ihr Revier notfalls mit Schnäbeln und Krallen. Wir müssen annehmen, dass die revierbehauptenden Meisen über einen langen Zeitraum hinweg am besten überlebt und so ihre Neigung an den Nachwuchs weitergegeben haben.

Beide, Weibchen und Männchen, können in Kämpfe mit Eindringlingen des eigenen Geschlechts verwickelt werden, aber in der Regel sind es die Männchen, die der Verteidigung des Reviers mehr Zeit und Kraft widmen. Die meisten Konflikte werden gelöst, ohne dass irgendwer verletzt wird. Die beiden Kampfhähne wechseln häufig zwischen Gesang und drohenden Posen, bis einer schließlich aufgibt. Eine eindeutige Drohgebärde besteht etwa darin, den Schnabel direkt auf den Widersacher zu richten und gleichzeitig die Flügel zu spreizen. Diese Pose lässt sich ganzjährig bei Kohl- und Blaumeisen beiderlei Geschlechts beobachten, auch gegenüber Vögeln anderer Arten. Die Kohlmeisenmännchen nutzen eine andere Drohgebärde, sie recken den Schnabel hoch und drücken ihr breites schwarzes Brustband heraus. Dies imponiert wohl vor allem anderen Kohlmeisen, deren besondere Aufmerksamkeit diesem Teil des Meisenkörpers gilt. Eine fortgeschrittene (und möglicherweise besonders bedrohliche) Variante dieser Kopf-hoch-Stellung besteht darin, dass das Männchen, mit fast senkrechtem Körper flatternd, um den Konkurrenten herumfliegt, um ihm sein Brustband zu zeigen.

Solche Darbietungen können Konflikte lösen, weil beide Kontrahenten in einem Kampf viel zu verlieren hätten. Er ist anstrengend, und er ist gefährlich. Anhand der Drohgebärden können sich beide einen Eindruck von der Kraft des anderen und, noch wichtiger, von der Motivation des anderen verschaffen.

In der Regel endet es damit, dass der Eindringling nachgibt, selbst wenn er größer und stärker ist. Wahrscheinlich, weil das Revier für denjenigen, der es bereits bewohnt und sich mit dem Gelände vertraut gemacht hat, wertvoller ist. Deshalb ist der Bewohner bereit, mehr zu riskieren. Das merkt der Eindringling und ist vielleicht von Anfang an darauf eingestellt, dass er daran vermutlich nichts ändern kann, weshalb er zurückhaltend und vorsichtig agiert.

Besonders wertvoll kann ein Revier für seinen Bewohner sein, wenn er bereits ein gutes und abgeklärtes Verhältnis zu seinen Nachbarn etabliert hat. Tiere, die ein Revier verteidigen, verhalten sich vertrauten Nachbarn gegenüber häufig toleranter und entspannter als im Kontakt mit Fremden. Man spricht in diesem Zusammenhang vom »Geliebter-Feind-Effekt«. Die Gefahr ist offenbar größer, dass ein fremder Vogel das ganze Revier übernehmen will, als dass der Nachbar auf diesen Gedanken kommt. Er hat ja schon einen Ort, an dem er lebt.

Im Sonnenschein

An einem Freitagnachmittag Ende März sitze ich auf der immer weniger weißlackierten Gartenbank im Windschatten hinter dem Haus in der Sonne. Ich habe frei, es sind zwölf Grad im Schatten, der Schnee ist verschwunden, an manchen Stellen sieht man erste Knospen und ich lese in einem fünfunddreißig Jahre alten Buch mit grünem Leineneinband. Das Werk, das mir nach längerer Suche im Internet ein Antiquariat im Ausland geschickt hat, ist von Christopher Perrins und handelt von den Meisen Großbritanniens.

Kohl- und Blaumeisen holen sich Sonnenblumenkerne aus dem Futterspender, der in dem großen, nur drei Meter entfernten Kirschbaum hängt. Inzwischen kommen sie in Paaren.

Hinter dem Kirschbaum sind an der Westseite hohe Bauzäune aufgestellt worden. Das felsige Nachbargrundstück wurde in Stücke gesprengt. Ein kleines, eternitverkleidetes Sommerhaus, das keiner mehr nutzte, soll durch drei große Doppelhäuser ersetzt werden, aber die Bagger, die tonnenweise Gestein abräumen, machen heute glücklicherweise eine Pause.

Im Süden, hinter dem Kirschbaum, wo unser Garten an ein vorläufig noch unbebautes Grundstück grenzt, steht die Kiefer mit dem Nistkasten von Remontér. In diesem Moment sitzt eine der Kohlmeisen am Einflugloch, wie sie es in den letzten Tagen immer wieder getan hat, und ich frage mich, was sie da treibt

Christopher Perrins kennt die Antwort. Bevor das Weibchen mit dem Nestbau beginnt, verbringt es viel Zeit in der ausgewählten Höhle und schläft nicht selten nachts darin. In dieser Zeit pickt es laufend am Flugloch und an den Innenwänden herum. Es entfernt alles weiche Material, das es findet, zum Beispiel morsches Holz. Perrins, der seit 1993 erstaunlicherweise offizieller Schwanhüter des britischen Königshauses gewesen ist, der *Warden of the Swans*, schreibt, dass mit diesem Picken vermutlich überprüft werden soll, ob die Kammer solide gebaut ist, um sicherzugehen, dass sich das Paar für das richtige Heim entschieden hat.

In seinem Buch über die britischen Meisen steht außerdem, wie das Meisenpaar, unabhängig davon, ob es sich nun um Kohlmeisen, Blaumeisen oder Vertreter einer anderen Meisenart handelt, den Ort auswählt, an dem das Nest gebaut werden soll. Das Männchen zeigt dem Weibchen mehrere Stellen, die ihm geeignet erscheinen, es singt und zeigt sich, um die Aufmerksamkeit der Partnerin zu erregen, schlüpft durch die Öffnung und wieder heraus, bis das Weibchen hinzukommt, um sich anzuschauen, was das Männchen ausgesucht hat, und es »kann daraufhin die Stelle gutheißen oder ablehnen«, wie Perrins schreibt. Einen solchen Besuch beobachteten wir offenbar im Februar. Dem Weibchen ist es anscheinend jedoch schwergefallen, sich zu entscheiden, denn ich habe gesehen, dass die beiden in den letzten Wochen gemeinsam umhergeflogen sind und Ecken und Winkel an den Außenwänden von Haus und Schuppen inspiziert haben. Nun hat man jedoch den Eindruck, dass das Weibchen bereit ist, sesshaft zu werden.

Dagegen haben die beiden leider keinerlei Anstalten gemacht, in den Kamerakasten hinter der Hausecke zu ziehen. Möchte dort vielleicht eine Blaumeise wohnen? Der Kamerakasten hat ein Einflugloch mit einem Durchmesser von 32 Millimetern. In solchen Kästen können sowohl Kohl- als auch Blaumeisen leben, aber Blaumeisen fühlen sich geborgener in Nistkästen, deren Öffnung nur 27 oder 28 Millimeter groß ist, so dass die größere Kohlmeise nicht hineinkommt. Im Frühjahr sind die Brutplätze hart umkämpft und es kommt durchaus vor, dass eine Kohlmeise eine Blaumeise in dem Nistkasten tötet, den beide benutzen wollen.

Es stellt sich also die Frage, ob Kohl- und Blaumeisen es überhaupt akzeptieren, im selben Revier zu brüten? Daraufhin erkenne ich, dass ich vergessen habe zu untersuchen, gegen wen die Reviere verteidigt werden: Nur gegen Vögel der eigenen Art – oder auch gegen andere Vögel? Darauf finde ich bei Perrins keine Antwort, sondern erst später, in einem neuen Buch über Konflikte und Konkurrenz zwischen verschiedenen Vogelarten. Es heißt *Interspecific Competition in Birds*. Ich lade es als E-Book herunter und lese es am Bildschirm.

Wie sich herausstellt, hat der Autor, der Belgier André A. Dhondt, einen Großteil seiner Laufbahn dem Studium der Beziehung zwischen Kohl- und Blaumeise gewidmet. Seinen Worten zufolge eignen sich solche Meisenstudien, um generell zu beleuchten, wie unterschiedliche Tier- und Vogelarten in der Natur zusammenleben. Offenbar sind nicht alle einer Meinung, denn der Belgier benötigt viele Seiten, um für seine Sichtweise zu plädieren und ergänzt seine eigenen Beobachtungen von belgischen Meisen um die Befunde anderer, die von Falken und Spechten bis hin zu norwegischen Hauben- und Weidenmeisen reichen.

Was das Territorium der Meisen betrifft, ist der Befund jedenfalls eindeutig: Sie verteidigen ihr Revier gegen Vögel der eigenen Art, nicht jedoch gegen andere Meisenarten. An anderer Stelle finde ich Karten über die Kohl- und Blaumeisenreviere in einem englischen Wald, die sich vollständig überlappen. Der Wald ist in einer Weise in große Kohlmeisen- und kleine Blaumeisenreviere unterteilt, dass das Gebiet einer Kohlmeise sich häufig über mehrere Blaumeisenreviere hinweg erstreckt, die Grenzen verlaufen kreuz und quer, und die beiden Arten haben sich offensichtlich unabhängig voneinander übers Revier verteilt, wenn man einmal davon absieht, dass sie sich eventuell um dieselbe Nisthöhle gestritten haben. Und das, obwohl Kohl- und Blaumeisen weitgehend die gleiche Nahrung bevorzugen. Im Frühjahr ist die Blaumeise bei der Futtersuche effektiver und je mehr Blaumeisen in einem bestimmten Areal leben, desto schlechter ergeht es den Jungen der Kohlmeisen. Im Winter ist dann »payback time«, je mehr Kohlmeisen in der näheren Umgebung leben, desto schlechter meistern die Blaumeisen die kalte Jahreszeit. Das Ergebnis ist eine Art Gleichgewicht und so leben die beiden Arten fast überall in Europa Seite an Seite in denselben Laub- und Mischwaldgebieten, ohne dass es einer Art gelingt, die andere zu verdrängen. Selbst für die größere und stärkere Kohlmeise lohnt es sich offenbar nicht zu versuchen, ihr Revier von Blaumeisen freizuhalten.

Da Kohl- und Blaumeise sich ein Revier teilen können, besteht also nach wie vor Hoffnung auf eine Meisenfamilie in meinem Kamerakasten. Gute Neuigkeiten, aber ich habe meine Lektüre über die Beziehung zwischen der kleinen Blau- und der großen Kohlmeise noch nicht beendet. Versteckt in den eher trockenen Texten der Wissenschaftler finde ich einfach zu viele gute Vogelanekdoten, zum Beispiel die Geschichte davon, wie die Blaumeise zu ihrem eigentümlichen Gesang kam.

Der typischste Blaumeisengesang endet wie erwähnt mit einem Triller, also einem Ton, der viele Male in hohem Tempo wiederholt wird. Die Blaumeise ist die einzige Meisenart, die einen solchen Triller singt. Ihr Gesang beginnt meist mit ein bis drei längeren und hohen Tönen, gefolgt von dem schnellen Triller in einer etwas tieferen Tonlage. Diese Strophe erkennen die meisten an Vögeln interessierten Menschen als den Meisengesang, er wird in Vogelführern und Vogelrufsammlungen beschrieben. Manche Blaumeisenmännchen singen jedoch auch ohne Triller. Dieser trillerlose Gesang klingt wie einfache zweitönige Phrasen, zum Beispiel zi-zi-za-za, oder etwas in dieser Art, die stetig wiederholt werden. Ein ungeübtes Ohr verwechselt diesen trillerlosen Gesang der Blaumeise leicht mit dem der Kohlmeise.

Selbst geschulte Meisenohren können sich offenbar irren. Die Französin Claire Doutrelant wies zusammen mit anderen Forschern nach, dass die meisten Blaumeisenmännchen dort mit

Triller singen, wo Blaumeisen mit Kohlmeisen zusammenleben. Wo die Kohlmeise nur selten oder gar nicht anzutreffen ist, singt die Blaumeise bevorzugt ohne Triller. Doutrelant nahm deshalb an, dass die Vorfahren der Blaumeisen ohne Triller sangen, der Triller sich dann jedoch entwickelte, weil er sicherstellte, dass die Blaumeise nicht für eine Kohlmeise gehalten wurde. Auf die Art vermeidet die kleinere Meise, auf Grund von Missverständnissen angegriffen zu werden. Um dies zu testen, spielten Doutrelant und seine Kollegen beide Typen von Meisengesang im Frühjahr in den Revieren von Kohlmeisenmännchen ab. Und es stimmte: Die Kohlmeise reagierte erregt auf Blaumeisengesang ohne Triller, ähnlich harsch wie auf Kohlmeisengesang. Blaumeisengesang mit Triller störte sie dagegen deutlich weniger.

Ein Mysterium im Zusammenleben der beiden Arten in den größten Teilen Europas bleibt jedoch bestehen. Aus irgendeinem Grund kommen Kohlmeisen auf die Idee, den Gesang der Blaumeise nachzuahmen. Jedenfalls antworteten viele belgische Kohlmeisen mit Blaumeisenimitationen, als die Forscher in ihren Revieren im Frühjahr Blaumeisengesang abspielten. Ob nun mit oder ohne Triller. Dagegen ahmte kein Blaumeisenmännchen jemals eine Kohlmeise nach.

Die Forscher spekulieren, ob die Nachahmung dazu dient, die Blaumeise zu verscheuchen, indem die Kohlmeise sie glauben lässt, sie wäre einem Artgenossen begegnet, oder aber indem sie eindeutig klarstellt, dass es die Blaumeise ist, zu der die stärkere Kohlmeise singt. Eine andere Hypothese lautet, dass diese Kohlmeisen den Gesang der Blaumeisen nur versehentlich eingeübt haben.

Samstag, den siebten April, sitzt Frau Kohlmeise mit etwas gelblich Braunem im Schnabel in der noch kahlen Eberesche direkt neben dem Nistkasten. Verdorrtes Gras oder Moos? Jedenfalls fliegt sie damit in den Kasten.

Später am Tag sehe ich sie auf einem moosbewachsenen Felsen, sie sammelt, glaube ich, wirkt dabei aber skeptisch, stochert hier etwas im Moos herum, bewegt sich weiter, zupft dort ein wenig. Das Männchen sitzt singend, aber außerhalb meines Blickfelds, ganz in der Nähe.

Die harte Arbeit des Nestbaus bewältigt das Weibchen allein, obwohl das Männchen in der Nähe bleibt. Es schlüpft in dieser Zeit nur selten in den Nistkasten. Am Nest ist das Weibchen der Chef und verjagt seinen Partner, wenn es das möchte. Während die Arbeit fortschreitet, übernachtet es häufig allein im Nistkasten. Meisenpaare schlafen nur selten zusammen.

Das Wissen, wie ein Nest gebaut wird, ist in einem hohen Maße angeboren. Schließlich war das Weibchen noch gar nicht auf der Welt, als das Nest gebaut wurde, in dem es selbst aufwuchs. Schon bevor es anfängt, Material für das Nest zu sammeln, führt es mit der Brust eine bulldozerartige Bewegung über den Boden aus, mit der es später das Nest formen wird, als würde es schon einmal dafür trainieren.

Der Boden des Nistkastens – oder einer anderen Höhle, die von den Meisen ausgewählt wurde – wird mit Moos bedeckt, eventuell vermischt mit anderem toten pflanzlichen Material, und wenn die Höhle eine große Bodenfläche hat, sind dafür große Mengen erforderlich. Das Kohlmeisenweibchen häuft eine etwa fünf Zentimeter dicke Schicht an. Neues Füllmaterial schiebt es mit der Brust über den Boden zu den Rändern des Raums, bis es sich vollständig umbaut hat. Es formt eine schalenförmige Grube, indem es sich immer wieder um die eigene Achse dreht und dabei gegen das Moos drückt, so dass es dicht zusammengepresst wird.

Anschließend füllt es weiches und wärmeisolierendes Material nach, das innen direkt an den Eiern liegen soll. Dafür benutzt die Kohlmeise am liebsten Haare von Säugetieren, wobei ihr zugutekommt, dass viele Tiere im Frühjahr ihren warmen Winterpelz abwerfen, und wenn die Tiere dem Vogel die Chance dazu bieten, holen die Meisen sich sogar Haare direkt von deren großen, behaarten Leibern. Rund um die Eier verwendet die Blaumeise fast immer Federn, schreibt Christopher Perrins, so rupfen die Weibchen zum Beispiel die Kadaver toter Vögel. Vielleicht haben die norwegischen Blaumeisen ja etwas andere Lebensgewohnheiten als die englischen, denn Svein Haftorn schreibt in der hiesigen Vogelbibel, *Die Vögel Norwegens*, dass die Blaumeisen »Wolle, Haare und vereinzelt Federn« benutzen. Die Arbeit am Nest kann Wochen in Anspruch nehmen, aber wenn die Meisen spät beginnen – zum Beispiel, weil ihr Nest zerstört wurde und sie noch einmal von vorn anfangen müssen – kann ein primitives Nest schlimmstenfalls auch an einem Tag gebaut werden.

Meisen gehören nicht zu den bedeutendsten Baumeistern der Vogelwelt, schließlich richten sie ihr Nest in mehr oder weniger fertigen Kammern ein, während andere flechten, weben und sich abmühen müssen, um kunstvolle Schalen zu formen oder sogar überbaute, sich selbst tragende Konstruktionen, eine Reihe von Vogelarten benutzt sogar Spinnweben, damit alles zusammenhält. Doch auch die Meisen beherrschen gewisse Finessen. Auf Korsika entdeckten Vogelforscher, dass die Blaumeisen für ihre Nestschalen aromatische Kräuter wie Minze und Lavendel benutzen. Als sie dieses Verhalten näher untersuchten, stellte sich heraus, dass durch die Kräuter die Nestlinge gegen Bakterien geschützt wurden.

Am elften April geschieht etwas Unerwartetes. Das Kohl- und das Blaumeisenpaar sind an diesem Morgen durch den Garten geschwirrt, ohne einander Beachtung zu schenken, aber als die Kohlmeisen kurz außer Sichtweite sind, untersuchen die Blaumeisen den Nistkasten in der Kiefer. Das gibt Ärger, denke ich, aber die Kohlmeisen tauchen nicht auf. Mit dem Fernglas beobachte ich eine Blaumeise, die am Einflugloch pickt, wie die Kohlmeise es sonst tut, ab und zu den Kopf hineinsteckt und sich umschaut, es dann aber offenbar doch nicht wagt, ganz hineinzuhüpfen. Es ist schwer zu sagen, worauf die Blaumeise spekuliert.

Später am Tag stelle ich dann begeistert fest: In meinem Kamerakasten tut sich etwas! Eine Blaumeise sitzt davor und pickt auch hier um das Einflugloch herum, und zwar so fest, dass es im Computerlautsprecher knistert. Von Zeit zu Zeit steckt sie den Kopf hinein und kommt der Kamera dabei merkwürdig nahe.

Das Frühjahr ist dieses Jahr milde gewesen. Schon bald wird die Natur hellgrün sein. Die Faustregel lautet, dass die Kohlmeise anfängt, Eier zu legen, wenn die Birken Blütenkätzchen bekommen. Die Blaumeise kommt ihr meist ein paar Tage zuvor. Eigentlich ist es der völlig falsche Zeitpunkt für eine Reise, aber wir haben seit langem geplant, in den Osterferien für eine gute Woche nach England zu fahren. Ich freue mich natürlich auf den Urlaub, wage aber gar nicht daran zu denken, was ich in der Zwischenzeit daheim alles verpassen könnte.

Im Museum

Karsamstag trotten Petter und ich die enge, steile Hoteltreppe hinunter und treten auf einer belebten Straße in den Sonnenschein hinaus. Der Verkehr fließt völlig normal, aber die Gebäude entlang der Broad Street in Oxford erinnern einen eher an die Harry-Potter-Filme. Wir gehen nur ein paar Häuserblocks weiter, dann haben wir unser Ziel erreicht. Das naturhistorische Museum wurde im neugotischen Stil errichtet, inspiriert von den Kathedralen des Mittelalters, und die mächtige breite Fassade vermittelt nicht unbedingt den Eindruck eines Hauses, in dem jeder als Gast willkommen ist. Doch auf dem Platz vor dem Museumsgebäude entdecken wir Dinosaurierspuren, und um uns Dinosaurier anzusehen, sind wir gekommen.

Die Fußabdrücke mit drei gespreizten Zehen stammen von einem zweibeinigen, fleischfressenden Megalosaurus in einem Untergrund, der vor 168 Millionen Jahren Morast war. Mein Siebenjähriger und die anderen Kinder müssen große Sätze machen, um den Platz in den Fußspuren des Monsters zu überqueren.

Die Abgüsse vor dem Museum sind Nachbildungen von Spuren, die erst 1997 nur ein paar Kilometer entfernt in Kalkstein gefunden wurden. Der Megalosaurus selbst ist ein alter Bekannter der Wissenschaft. Tatsächlich war ein Megalosaurus aus Oxfordshire der erste Dinosaurier, der jemals beschrieben wurde, der

Artikel von William Buckland, Theologe, Geologe und Professor an der Universität von Oxford, erschien 1824. Als das Museum 1860 fertiggestellt wurde, waren die Gelehrten noch mitten in einer Diskussion darüber, wie es kam, dass Skelette solch fremdartiger Geschöpfe in Gebieten mit bestimmten Gesteinsarten begraben lagen. Es fiel ihnen schwer, dies mit der Schöpfungsgeschichte der Bibel in Einklang zu bringen.

Der Eingang zum Museum ist ein gotischer Spitzbogen, bewacht von einem steinernen Engel. Im Inneren öffnet sich eine große, helle Halle, denn die Decke wird zwar wie in einer Kathedrale von Säulen getragen, weist aber größere Glasflächen auf, als die mittelalterlichen Baumeister es sich jemals erträumt hätten, denn hier ist das Gewölbe selbst aus Glas, zusammengehalten von den schmalen Eisensprossen und verbolzten Eisenbögen der industriellen Revolution.

Da Ostern vor der Tür steht, werden besonders viele Eier ausgestellt, große, versteinerte Dinosauriereier, die in Nestern liegen. Einige darf man sogar anfassen. Im hinteren Teil der Halle finden wir eine Menge Gigantenfossile, unter anderem eine Glasvitrine mit Megalosaurusknochen, die aus der Gegend stammen, und ein mächtiges Skelett der Primadonna persönlich, des nordamerikanischen Monsters Tyrannosaurus Rex. Petters Kopf passt perfekt zwischen die Zähne im Schlund des rekonstruierten Dinosaurierkopfs, der zu Füßen des Skeletts steht. Während ich das Katastrophenszenario mit meinem Smartphone fotografiere, denke ich, dass der Kopf des wirklichen Tyrannosaurus Rex vielleicht gar nicht so schuppenbedeckt war wie das grünbraune Modell, das nun droht, meinem Sohn den Kopf abzureißen. Wahrscheinlich hatte das Tier eine Art von Gefieder, zumindest an manchen Teilen des Körpers. Es existieren keine Fossilien von der Haut eines Tyrannosaurus Rex, aber in den letzten Jahren hat man festgestellt, dass einige enge Verwandte des Sauriers daunengefiedert waren. Eine Lawine neuer Fossilienfunde hat unsere Auffassung vom Aussehen der Dinosaurier inzwischen auf den Kopf gestellt. Immer mehr dieser Urzeitwesen, die einst als grausige Echsen betrachtet wurden, werden heute immer weniger echsenartig, weil neue Forschungsergebnisse sie mit Federn ausstatten.

Die Entdeckung der Dinosaurierfedern hat selbstverständlich auch die Annahme bestärkt, dass die Vögel mit den Dinosauriern verwandt sind. Dies wurde bereits zu Zeiten Darwins vorgeschlagen, aber phasenweise ging man in weiten Kreisen davon aus, dass sie von anderen prähistorischen Wesen abstammten. Ich kann mich jedenfalls nicht erinnern, dass die Dinosaurierplakate, die ich als Kind aus den Donald-Heften zupfte, heute lebende Nachfahren erwähnten.

Die flügellosen Dinosaurier müssen ihre Federn nicht zum Fliegen, sondern zu etwas anderem benutzt haben. Die ältesten fossilen Dinosaurierfedern sind außerdem zu simpel aufgebaut, um sich für den Vogelflug zu eignen. Möglicherweise dienten sie in erster Linie der Isolation, schließlich helfen die Federn auch unseren Meisen durch den kalten norwegischen Winter, indem sie die Wärme aus der Verbrennung von Sonnenblumenkernen und anderem Futter bewahren. Vielleicht besaß das Federkleid der Dinosaurier aber auch Farbmuster, die genauso Signale an andere Dinosaurier aussandten wie die gelben und schwarzen Brustfedern der Kohlmeise und die ultraviolette Haube der Blaumeise.

Jedenfalls tauchten im Laufe der Zeit kleine, zweibeinige Raubdinosaurier auf, deren Arme durch Flügel ersetzt wurden, die sie zum Fliegen benutzten. Die unheimlichen Velociraptoren, die in *Jurassic Park* Menschen von Raum zu Raum jagen, sind wahrscheinlich ziemlich eng mit diesen Dinosauriern verwandt gewesen, die den Vögeln vorausgingen. Die Version im Film ist allerdings etwas zu fantasievoll geraten. Und in Wirklichkeit waren diese schnellen Jäger also gefiedert.

Als mein Sohn genug Eindrücke gewonnen hat und sich nach der Ausgangstür umsieht, entdecke ich in einer Glasvitrine ein prächtiges, geflügeltes Geschöpf. Es ist nicht viel größer als eine Elster und hat schwarze, weiße und braune Federn. Statt eines

hornartigen Schnabels hat der Urvogel Archaeopteryx einen echsenartigen Mund mit kleinen Zähnen, umgeben von einem Feld
nackter, schuppiger Haut. Nachdem diese Rekonstruktion hergestellt wurde, ist es Forschern gelungen, die Reste von Farbstoffen in den fossilen Federn des Archaeopteryx zu analysieren. Sie
zeigen, dass zumindest Teile vom Gefieder des Urvogels schwarz,
andere dagegen heller waren.

Ob der Archaeopteryx der direkte Stammvater der Meisen
ist, wissen wir nicht. Eher dürfte wohl ein ähnlicher, mit ihm verwandter, fliegender Dinosaurier, über dessen Fossil bisher noch
keiner gestolpert ist, der Vorfahre der heutigen Vögel sein. Während der Siebenjährige an meinem Arm zerrt, lese ich noch rasch,
dass der Archaeopteryx vor rund 150 Millionen Jahren lebte. Also
mehr als 80 Millionen Jahre bevor die Dinosaurier ausstarben! Oder,
besser gesagt, bevor fast alle Dinosaurier ausstarben. Als eine Naturkatastrophe vor 66 Millionen Jahren die Dinosaurier ausrottete,
überlebte zum Glück eine bestimmte Gruppe. Sie werden Vögel
genannt. Auch wenn es ungewohnt klingt, ist es nicht verkehrt,
wenn man sagt, dass die Meisen in unserem Garten winzig kleine,
fliegende Dinosaurier sind.

Ich lasse einen langen Blick durch die Ausstellungshalle
schweifen. Es ist wirklich ein großartiges Museum, und es gibt
darin so viel, was ich gern sehen und meinem Sohn zeigen würde.
Aber wenn man bei seinen Kindern das Interesse an Dingen wecken möchte, für die man selbst schwärmt, besteht der Trick natürlich darin, seine eigene Begeisterung zu zügeln und ihre Geduld
und Neugier entscheiden zu lassen, wann es reicht.

~

Als das naturhistorische Museum in Oxford 1860 fertiggestellt
war, fand darin im selben Jahr eine legendäre Debatte statt, die
so berühmt ist, dass am Eingang ein Gedenkstein an sie erinnert.
Anlass war der Vortrag eines Amerikaners, der schnell vergessen
war, aber der Gastvorleser sollte unter anderem über die Ideen in

Charles Darwins Buch *Über die Entstehung der Arten durch natürliche Zuchtwahl oder Die Erhaltung der begünstigten Rassen im Kampfe um's Dasein* sprechen, das ein Jahr zuvor erschienen war. Alle erwarteten, dass der wortgewaltige Bischof von Oxford, Samuel Wilberforce, diese Gelegenheit nutzen würde, um der Entwicklungslehre vehement zu widersprechen. Beide Seiten mobilisierten daraufhin ihre Anhänger. Viele kamen aus reiner Neugier. Es wurde eine tumultartige Veranstaltung mit Damen, die ohnmächtig wurden, und bibelschwenkenden Zwischenrufern aus dem Saal.

Der Augenblick, der in die Geschichtsbücher einging, war gekommen, als der Bischof Darwins eifrigsten Verteidiger, den Naturforscher Thomas Henry Huxley fragte, ob er mütter- oder väterlicherseits von den Affen abstamme. Ich muss gestehen, dass ich die Bemerkung durchaus amüsant finde, aber ein ruhmreicher Augenblick in der Geschichte der anglikanischen Kirche war dies natürlich nicht. Huxleys eigener Zusammenfassung der Versammlung zufolge antwortete er schlagfertig, ihm sei es lieber, einen Affen als Großvater zu haben als jemanden, der seine Position missbrauche, um eine ernsthafte wissenschaftliche Debatte entgleisen zu lassen, indem er sich über seinen Widersacher lustig mache.

Wenn die in *Über die Entstehung der Arten* vorgelegte Entwicklungslehre zutrifft, müssten die Fossilien Bindeglieder zwischen sehr unterschiedlichen Tierarten aufweisen. So müssten einst Vorfahren gelebt haben, die einem Zwischending aus Vogel und Reptil ähnelten. Deshalb war es Wasser auf die Mühlen von Darwins Anhängern, als in Deutschland das erste, auffällig schöne Fossil des Archaeopteryx, mit Federn und allem, gefunden wurde. So geschehen 1861, also im Jahr nach der Debatte im Museum.

Über die Entstehung der Arten ist ein ungewöhnliches Buch. Es hatte eine unermesslich große wissenschaftliche Bedeutung, ist aber dennoch auch für Menschen, die keine Experten sind, gut lesbar und unterhaltsam. Ich selbst habe es zum ersten Mal als Jugendlicher gelesen und bis heute bereitet es mir Freude, in meiner Taschenbuchausgabe zu blättern. Sie denken, die Meisen

Fresstechnik bei Meisen. Die Blaumeise wendet die gleiche
Technik an, die Darwin bei Kohlmeisen beobachtete.

kommen darin nicht vor? In einem Abschnitt über das Verhalten
von Tieren beschreibt Darwin, dass er eine Kohlmeise beobachtete, die auf die Samen der Baumart Eibe einhämmerte, um die
Schale zu durchdringen, und er behauptet darüber hinaus, dass
Kohlmeisen häufig kleine Vögel töten, indem sie ihnen in den
Kopf hacken. In der sechsten, überarbeiteten Ausgabe des Buchs
erläutert er außerdem etwas eingehender, wie sich die Füße und
Schnäbel der Kohlmeise entwickelt haben könnten, damit sie zur
speziellen Fresstechnik der Meisen passen, bei der unser Vogel
das Samenkorn mit den Füßen auf einen Zweig presst und die
harte Schale mit dem Schnabel aufpickt. In einem der nächsten
Bücher Darwins, *Die Abstammung des Menschen und die geschlecht-
liche Zuchtwahl*, werden sowohl die Blau- als auch die Kohlmeise
erwähnt. Ausgangspunkt ist ein Überblick über Farbunterschiede
zwischen den Geschlechtern verschiedener Vögel. Abgesehen von
dem Thema, das allen ins Auge sprang – dass wir von den Affen abstammen –, enthielt dieses Buch die erste eingehende Diskussion
der sexuellen Selektion. Was die Meisen betrifft, soll hier jedoch

nicht verschwiegen werden, dass sie in Darwins Büchern nur eine Nebenrolle spielen. Für die wichtigen Beispiele und Argumente stehen andere Vogel- und Tierarten.

Die heute gültige Version der Entwicklungslehre ist mit der von Darwin vorgelegten nicht identisch. Der offensichtlichste Unterschied besteht darin, dass Darwin auf keine Theorie zur Genetik zurückgreifen konnte. Er ging einzig und allein von dem aus, was jeder sehen kann: dass Eigenschaften normalerweise von Eltern an Kinder vererbt werden. Heute ist die Genetik dagegen die Grundlage der modernen Evolutionsbiologie. Die natürliche Selektion erfolgt in Gestalt einer Konkurrenz, in der jedes Individuum darum kämpft, seine Genvarianten an die nächste Generation weiterzugeben.

Ein anderer wichtiger Unterschied besteht darin, dass Darwin ein wenig vage blieb, als es um die Frage ging, wer miteinander konkurrierte. Bei ihm kam es einem manchmal vor, als wäre die Evolution ein Mannschaftssport und als liefe sie ab, indem Arten oder Rassen miteinander konkurrierten wie in seinem Untertitel *Die Erhaltung der begünstigten Rassen im Kampfe um's Dasein*. Selbst in Literatur über Tiere und Vögel, die vor ungefähr zehn Jahren erschienen ist, kann man noch lesen, dass ein Tier diese und jene Eigenschaften hat, weil das vorteilhaft für die Art ist. Solche Aussagen haben inzwischen ihre Gültigkeit verloren. Sie können nicht erklären, warum sich eine bestimmte Genvariante innerhalb der Art durchgesetzt hat. Damit eine Genvariante durch natürliche Selektion gewinnt (pure Zufälle können auch eine Rolle spielen, aber das ist eine andere Geschichte), muss sie durchgängig von Vorteil für die Individuen sein, die über sie verfügen. Eine Genvariante, die nur für die Art von Vorteil, für das Individuum jedoch von Nachteil ist, wird dagegen mit der Zeit verschwinden.

Eine Ausnahme von diesem Individualismus besteht, wenn Individuen eng verwandt sind und dadurch viele Genvarianten gemeinsam haben. Das ist der Fall, wenn die Meiseneltern sich fürsorglich um Eier und Junge kümmern. Indem sie für das Überleben der Jungen sorgen, wollen die Eltern ihre eigenen Erbanlagen weitergeben. Da aber kein Elternteil den exakt gleichen Satz an Genvarianten hat wie die Kinder – Mutter und Vater haben ja jeweils die Hälfte des Genmaterials geliefert –, haben Eltern und Kinder auch keine identischen Interessen. Die Eltern müssen oft brutal zwischen dem Überleben des Nachwuchses und ihrem eigenen Überleben abwägen, sich also genau überlegen, ob sie in der Zukunft eine neue Brut zeugen wollen. Und wenn das Futter knapp ist, konzentrieren sie sich auf die Jungen, die offenbar die besten Aussichten haben zu überleben.

~

Die Ausstellungshalle im naturhistorischen Museum von Oxford wird umsäumt von Skulpturen, steinernen mannshohen Denkmälern von den großen Naturforschern der Geschichte. Am hinteren Ende der Halle steht Charles Darwin, alt und nachdenklich mit langem Bart.

Ein paar Meter links von Darwin steht der Schwede Carl von Linné. Er ist berühmt, weil er ein System mit zweigeteilten wissenschaftlichen Namen für alle Lebewesen entwickelte, das wir bis heute benutzen. Kohl- und Blaumeisen gehören zu einem exklusiven Club unter den Vögeln, 564 Mitglieder umfassend, die ihren wissenschaftlichen Namen bereits im 18. Jahrhundert von Linné persönlich erhielten.

Linné benutzte die Wissenschaftssprache seiner Zeit, Latein. In seinem Hauptwerk *Systema Naturae* (die 10. Auflage von 1758 ist die vollständigste), tauft er unsere eigene Art: *Homo sapiens*. Der denkende Mensch. Die Kohlmeise nennt er *Parus major* – große Meise. Die Blaumeise wird zu *Parus caeruleus*. Himmelblaue Meise. Er liefert zudem eine kurze Beschreibung der beiden Arten.

Weil beide den Namen *Parus* erhielten, konnte man davon ausgehen, dass Linné sie in die gleiche Gattung einordnete, da sie einander so ähnelten. Nach dem Durchbruch der Entwicklungslehre bekamen die Worte Gattung und Familie in Linnés

System jedoch eine buchstäblichere Bedeutung. Heute sind die Biologen sich einig, dass die wissenschaftlichen Namen der Tiere ihre Verwandtschaft widerspiegeln sollen. Der erste Name – die Gattungsbezeichnung – soll den Arten gemeinsam sein, die am engsten miteinander verwandt sind, es also nicht allzu viele Generationen zurückliegt, dass sie einen gemeinsamen Stammvater hatten.

Vor kurzem sind die Ornithologen zu dem Schluss gekommen, dass Blau- und Kohlmeise nicht eng genug verwandt sind, um dieselbe Gattungsbezeichnung zu tragen. Die Kohlmeise heißt weiterhin *Parus major*. Die Blaumeise wurde dagegen zu *Cyanistes caeruleus* umgetauft. Die Gattung Parus und die Gattung Cyanistes gehören dann beide zur Familie der Meisen, *Paridae*.

~

Die Verwandtschaft verschiedener Tierarten, uns selbst und die Meisen eingeschlossen, lässt sich in Form eines Baums zeichnen, der jedoch nicht wie eine ranke Tanne, sondern wie ein knorriger Apfelbaum mit vielen Verzweigungen aussieht. Jeder Zweig steht für Tausende oder Millionen Generationen. Wenn der Stamm oder die Zweige sich teilen, heißt dies, dass sich eine Tierart in zwei verschiedene Tierarten aufteilt, die aufhören, gemeinsame Nachkommen zu haben und sich fortan in unterschiedliche Richtungen weiterentwickeln.

Sowohl wir als auch die Meisen sind Wirbeltiere. Die ersten Wirbeltiere waren Fische, die im Meer lebten, wir stammen also alle von den Fischen ab. Verspeist man einen ganzen Fisch, wird der Beweis für unsere Verwandtschaft in Gestalt der Wirbelsäule sichtbar. Wir können unseren Stammbaum mit ein paar sehr speziellen Fischen beginnen, die vor rund 375 Millionen Jahren lebten. Sie hatten einen flachgedrückten, krokodilähnlichen Kopf und einen Schwanz zum Schwimmen. Sie lebten in seichtem Wasser und haben möglicherweise kleine Ausflüge an Land unternommen. Jedenfalls konnten sie auf dem Grund gehen, auf vier Flossen, die Füßen mit der Zeit verdächtig ähnlich sahen. Diese Fußflossen enthielten Knochen und in den Gliedern aller heute lebenden Landwirbeltiere findet man Elemente aus dem Knochenbau dieser Spezialflossen.

Die prähistorischen Fische mit Füßen (nicht unbedingt genau diejenigen, die uns von Fossilien bekannt sind, sondern andere, ähnliche) sind also Vorfahren der Vögel und des Menschen. Wir platzieren sie zuunterst an unserem Stammbaum. Dann teilt sich der Stamm: Ein Seitenast führt zu den heutigen Fröschen, Kröten und Salamandern – den sogenannten Amphibien, die immer noch Eier im Wasser legen und die erste Zeit ihres Lebens als Kaulquappen oder Larven unter Wasser verbringen. Der größere Ast, der uns hier interessiert, führt zu den wirklichen Landtieren, die ihr ganzes Leben an Land verbringen können.

Als Nächstes trennen sich die Wege der Verwandten von Menschen und Meisen. Unsere letzten gemeinsamen Vorfahren hätten wir wohl als eine Art Echsen wahrgenommen, wenn wir ihnen begegnet wären. Sie lebten wahrscheinlich vor 312 bis 330 Millionen Jahren.

Auf der linken Seite des Baums steigt unser eigener großer Ast auf. Er teilt sich weiter in viele verschiedene, eigentümliche Wesen, die längst ausgestorben sind. Nur einer der Äste – die Säugetiere – setzt sich bis in unsere Zeit fort. Als die Dinosaurier die Landmassen dominierten, entwickelten sich die ersten Säugetiere, größtenteils mausgroßes Getier, das wahrscheinlich vor allem nachtaktiv war und sein Futter in erster Linie mit Hilfe des Geruchssinns fand. Man sollte nicht vergessen, dass die Vorfahren der Meisen unsere eigenen jagten! Nach dem Aussterben der Dinosaurier (mit Ausnahme der Vögel) vor 66 Millionen Jahren – wahrscheinlich war ein Meteoriteneinschlag vor der Küste des heuten Mexiko die Ursache, oder zumindest ein großer Teil der Ursache – boten sich für Säugetiere wie uns jedenfalls neue Möglichkeiten. Einer von vielen neuen Säugetierästen, die sich daraufhin entwickelten, waren tagaktive Affen mit geschärftem

Farbsehen, eventuell um Früchte in Bäumen erspähen zu können, und mit einem leicht geschwächten Geruchssinn. Am obersten Punkt eines der Zweige am Säugetierast sitzen deshalb wir, schauen in die Runde und sehen die Schimpansen auf dem Nachbarzweig und etwas weiter entfernt Hunde und Katzen.

Nach rechts führt der zweite große Ast, der den Reptilien und Vögeln vorbehalten ist. Ein Seitenast endet bei den heutigen Schildkröten, ein anderer bei Schlangen und Echsen, und ein dritter bei den Krokodilen und ihren Verwandten. Sie alle trennten sich eine ganze Weile vor dem Ende der Dinosaurierherrschaft von dem Ast, der zu den Vögeln führte. Wie wir gesehen haben, ist es der Ast der Dinosaurier, der zu den Meisen führt. Sie haben sicherlich keine wirklichen Riesendinosaurier unter ihren Vorfahren, aber einige der früheren Raubdinosaurier, von denen sowohl der Tyrannosaurus als auch die Meisen abstammen, dürften etwa zwei Meter groß gewesen sein.

Lange vor der 66 Millionen Jahre zurückliegenden Katastrophe hatten sich die Ahnen des Straußes und seiner Verwandten von anderen heute lebenden Vögeln getrennt. Auch die Vorfahren von Hühnervögeln und Entenvögeln hatten sich als ein eigener Ast etabliert. Die Katastrophe schuf für die überlebenden Vögel gewaltige neue Möglichkeiten, denn nicht nur die Dinosaurier starben aus, sondern auch Flugechsen und zahlreiche andere Lebensformen. In dem Zeitalter, das auf die Katastrophe folgte, weitete der Stammbaum der Vögel sich gewaltig aus und viele Hauptordnungen der Vögel, die heute umherflattern, erblickten das Licht der Welt.

Einer der neuen Vogeläste, die in der Lücke nach der großen Ausrottung wuchsen, ist der erfolgreichste von allen: die Sperlingsvögel. Zu ihnen gehören mehr als die Hälfte der rund 10 000 heute lebenden Vogelarten. Die allermeisten Vögel, die man rund um die Häuser in Norwegen und Europa antrifft, sind Sperlingsvögel, darunter Meisen, Finken, Grasmücken, Drosseln und Rabenvögel. Dagegen sind Tauben, Habichte und Buntspechte Beispiele für Arten, die nicht zu den Sperlingsvögeln gehören

Die Meisen bilden eine von vielen Familien innerhalb der Sperlingsvögel. Alle echten Meisen (Mitglieder der Familie *Paridae*) stammen von einer Art Urmeise ab, die wahrscheinlich vor mindestens zehn Millionen Jahren in China lebte. Die Kohl- und die Blaumeisen gehören zusammen mit ihren asiatischen und afrikanischen Verwandten zu *einem* Hauptast der Meisenfamilie. Alle anderen Meisenarten in Norwegen – Haubenmeise, Tannenmeise, Weidenmeise, Sumpfmeise und Lapplandmeise – gehören zum zweiten Hauptast der Meisenfamilie. Auch sie sind echte Meisen, aber etwas weiter entfernt von Kohl- und Blaumeise.

Das Wort Meise wird auch an die Namen einiger entfernterer Verwandten angehängt, kleine Sperlingsvögel, die sich vor langer Zeit in der Entwicklungsgeschichte von den eigentlichen Meisen trennten und deshalb nicht zur Meisenfamilie *Paridae* gehören. So ist etwa der Kleiber, der zuweilen auch Spechtmeise genannt wird, ein lebhafter und lauter Vogel mit langem Schnabel, den wir oft in unserem Garten sehen, ein Vertreter der Familie *Sittidae*. Ein anderes Beispiel ist die hübsch rosa, weiß und schwarz gefärbte Schwanzmeise. In unserer Gegend taucht sie manchmal in Schwärmen auf, vor allem im Winter. Die Schwanzmeise gehört zur Familie der *Aegithalidae*. Wenn man von Meisen spricht, denkt man normalerweise an die Mitglieder der eigentlichen Meisenfamilie, nicht an solche eher zweifelhaften Pseudomeisen wie den Kleiber und die Schwanzmeise.

~

Auch wenn der Siebenjährige und ich beschlossen haben aufzuhören, solange es noch Spaß macht, dauert es eine Weile, bis wir uns von dem Museum losreißen. Auf dem Weg zum Ausgang gibt es noch so viel Spannendes zu entdecken. Am Ende treten wir dann doch wieder in die Stadt hinaus. Die restliche Familie erwartet uns an der Themse und der Urlaubstag endet an Deck eines Touristenboots. Während Petter und Jo die Süßigkeiten aus ihren Ostereiern essen, und Katrine der untergehenden Sonne zugewandt die Augen schließt, halte ich Ausschau nach Vögeln. Im Fernglas sehe ich schwarze Teichrallen und Blässhühner die mit ruckendem Kopf entlang der Ufer paddeln, wie sie es immer tun. Über uns segelt ein Rotmilan, ein mächtiger Raubvogel, der in Norwegen nur selten zu sehen ist. Zwei der Schwäne, über die Christopher Perrins im Auftrag der Königin wacht, gleiten vorbei. In den Trauerweiden, die über das Wasser hängen, singt ein anderer kleiner Dinosauriernachfahre ein Lied, das ich von daheim kenne: tsi-da tsi-da tsi-da.

Waldausflug ohne Eintrittskarte

Gleich hinter dem Bahnhof endet die Stadt. Die Themse fließt hier durch eine offene Landschaft, die einem aus dem Fernsehen und Schilderungen in Büchern so vertraut ist, dass einem das Ganze fast wie eine riesige Kulisse vorkommt. Schön ist diese südenglische Kulturlandschaft auf jeden Fall. Ich habe in der Endphase unseres Englandurlaubs ein paar Stunden für mich allein und eile zufrieden über Wiesen mit grasendem Vieh und Kaninchen, begleitet von einem Rotkehlchen oder Zaunkönig auf jeder Steinmauer. Schließlich stoße ich auf eine von niedrigen, gepflegten Hecken flankierte Landstraße, die laut Straßenschild zu dem Dorf Wytham führt.

Diesem Namen bin ich in den letzten Monaten immer wieder begegnet. Die Karte über die sich überlappenden Kohl- und Blaumeisenreviere, auf die ich stieß, als ich mich fragte, ob beide Arten in unserem Garten zusammenleben könnten, zeigte das Revierverhalten der Vögel in Wytham Woods, dem Wald kurz hinter dem Dorf. Das Kohlmeisenbuch von Andrew Gosler, das ich bei mir trage, und das Meisenbuch von Christopher Perrins daheim, stützen sich hauptsächlich auf Studien, die in diesem Wald durchgeführt wurden. Bis heute entspringt den Studien zu den Meisen in Wytham Woods ein nie versiegender Strom von neuen For schungsergebnissen. Als ich mich ihm nun nähere, bereue ich, im Voraus keine E-Mail geschickt und angefragt zu haben, ob einer der Wissenschaftler mich eventuell herumführen könne. Aber es ist Ostersonntag und die vielbeschäftigten Forscher gönnen sich vielleicht einen freien Tag mit Familie oder Freunden, hatte ich überlegt. Außerdem sollte es für mich selbst eigentlich auch ein Familienurlaub ohne Arbeit sein. Vielleicht habe ich mich aber auch einfach nicht getraut, Kontakt zu ihnen aufzunehmen. In manchen Dingen bin ich ein ziemlicher Feigling.

Die Bäume beginnen am hinteren Ende der winzigen Ortschaft, doch erst etwa hundert Meter weiter gelangt man zu einem Parkplatz und dem offiziellen Anfang des Waldes. Dort gibt es ein Tor, auf dem steht, dass man eine Eintrittskarte benötigt.

Ich bleibe stehen und betrachte das Schild. Die unerwartete Gebühr für den Eintritt erhebt der Landeigentümer, die Universität Oxford, die diesen Forst zu Forschungszwecken nutzt. Sie hat sicher ehrenwerte Motive. Ich weiß nicht einmal, ob sie für das Zugangsrecht Geld verlangt. Trotzdem regt sich in mir ein Anflug heiligen Zorns und ich denke, dass es unnatürlich ist, ein Ticket erwerben zu müssen, um in einem Wald spazieren zu gehen, zumindest für einen Norweger, der mit dem Jedermannsrecht aufgewachsen ist. Außerdem kann ich jetzt, da ich den legendären Wytham-Meisen so nahe bin, doch nicht einfach wieder umkehren. Also marschiere ich an der Absperrung vorbei und versuche so zu tun, als wäre alles in bester Ordnung, obwohl ich mich ein bisschen wie Danny fühle, der Sohn des Wilddiebs in Roald Dahls Buch über die große Fasanenjagd.

Auf dem breiten Weg ist nur eine friedliche Familie mit Kindern zu sehen. Ich frage mich natürlich, ob sie Karten haben, bin mir aber sicher, dass sie mich nicht darauf ansprechen werden, ob ich denn eine besitze. Als die Angst vor strengen Waldwächtern und enttäuschten Professoren allmählich abklingt, merke ich, dass der Wald von Buchen geprägt ist, einem Baum mit glatter, grauer Rinde an den mächtigen Stämmen. Die glänzenden grünen Blätter sind noch klein. Buchenwald wächst höher als die Laubbäume in Norwegen und wirkt immer ein wenig fremd, wenn er erstmals in Vestfold, nahe der schwedischen Grenze, und danach in Südschweden, Dänemark und Mitteleuropa auftaucht.

Der Frühling ist in England selbstverständlich weiter fortgeschritten als daheim. Es sprießt und wächst auf der Erde und in den Baumkronen, und ich könnte mir vorstellen, dass viele Meisenmütter bereits im Verborgenen liegen und auf ihren Eiern brüten.

In regelmäßigen Abständen hängen entlang des Wegs Nistkästen. Sie sind nicht aus Brettern geschreinert wie daheim, sondern wurden rohrförmig aus einer Art Keramik oder Beton gegossen. Man hat sie mit dicken rostigen Stahldrähten überraschend niedrig über dem Erdboden an den Baumstämmen befestigt. Die einzelnen Kästen sind mit weißer Farbe nummeriert. Beim Blick auf die Ziffern erkenne ich, dass in diesem Wald Hunderte von ihnen hängen müssen.

Das meiste, was man über das Leben von Kohl- und Blaumeisen lesen kann, wird an Orten wie diesem erforscht, in Gebieten voller Nistkästen, möglichst in bequemer Entfernung zu einer Universität oder einem Forschungsinstitut. Der Anfang wurde 1912 in den Niederlanden gemacht. Damals interessierte man sich für den Beitrag, den die Meisen leisteten, um den Wald von Schadinsekten freizuhalten. Mit der Zeit wurden die Meisen beringt, so dass die niederländischen Forscher das Schicksal jedes einzelnen Individuums verfolgen konnten. Sie begannen, die Meisen darauf zu untersuchen, wie und warum sich der Bestand an wilden Vögeln von Jahr zu Jahr veränderte, und suchten später auch Antworten auf viele andere Fragen.

Der britische Ornithologe David Lack besuchte die Niederlande nach dem Krieg und registrierte beeindruckt, was man alles herausfinden kann, wenn man die Bewohner eines Waldes voller Nistkästen studiert. Ab 1947 installierte Lack sie auf dem Land der Universität Oxford bei Wytham. Im Laufe der Jahre ist das Gebiet auf etwa tausend Nistkästen angewachsen. Ein halbes Jahrhundert hat man hier die Essgewohnheiten der Meisen, ihren Gesang, das Liebeswerben, den Lebenslauf, Todesursachen, Verwandtschaftsverhältnisse, ihr Glück in der Liebe und vieles mehr erforscht. An zahlreichen Orten in Europa, auch in Norwegen, folgten Biologen dem Beispiel der Holländer und Engländer, so dass Kohl- und Blaumeisen heute zu den Tieren gehören, die am gründlichsten in freier Natur erforscht worden sind.

Dies liegt nicht etwa daran, dass Kohl- und Blaumeisen interessanter sind als andere Vögel, sie sind nur leichter zu studieren, weil sie sich in der Nähe des Menschen aufhalten und gern Nistkästen beziehen, so dass man immer weiß, wo man sie antrifft. Die Grundidee lautet, indem man einen bestimmten Vogel studiert, kann man Erkenntnisse gewinnen, die für zahlreiche andere Vogel- und Tierarten gelten. Ungefähr so, wie man Ratten, Mäuse und Affen in medizinischer Forschung benutzt, nur dass die Meisen meist frei herumfliegen dürfen.

Der Wald ist hell und still. Einige Meter weiter voraus schleichen zwei Rehe über den Weg. Ansonsten begegne ich vereinzelten Spaziergängern und diversen Vögeln, unter anderem einer Blaumeise im Wipfel einer Eiche, die wegen irgendetwas schimpft und zetert. Nach einer Weile halte ich Ausschau nach einer Stelle, an der ich meine mitgebrachten Brote essen kann. Es würde mich nicht wundern, wenn es verboten wäre, den Weg zu verlassen, aber da ich nirgendwo ein entsprechendes Schild sehe, beschließe ich, ein dummer Skandinavier zu sein, der sich so etwas nicht vorstellen kann. Und so schaue ich mich um, schlage mich in die Büsche und verschwinde hinter einem kleinen Hügel.

Von meinem Sitzplatz auf einem toten, moosbewachsenen Holzstamm aus habe ich Aussicht auf einen Nistkasten, den jedoch kein Vogel besucht. Ziemlich schnell taucht eine Kohlmeise auf, ein Männchen mit eher blassen Farben. Es durchkämmt einen Haselstrauch nach Insekten, hält aber immer wieder inne und reibt seinen Schnabel an den Zweigen. Der Schnabel der Kohlmeise wird im Frühjahr länger und, vor allem bei den Männchen, gleichzeitig dünner. Andrew Gosler schreibt, er habe Anzeichen dafür gefunden, dass dieses Schleifen an den Zweigen die Schnäbel dünner werden lässt. Im Frühjahr stellen die Meisen ihre Ernährung von Samenkörnern auf Raupen, Insekten und Spinnen um. Der längere und schmalere Schnabel ist wahrscheinlich besser geeignet, sich dieser Beutetiere anzunehmen. Betrachtet man andere Vogelarten, haben typische Samenfresser wie Finken und Spatzen häufig dickere Schnäbel als Insektenfresser wie Rotkehlchen und Fitisse.

Ein farbenprächtigeres Kohlmeisenmännchen fliegt heran, dies ist bestimmt sein Revier. Es jagt den blasseren Vogel von Baum zu Baum in einer kleinen Runde um mich herum, bis der Eindringling verschwindet. Bald darauf bekommt der Sieger Gesellschaft von einem Weibchen. Sie wühlen drei, vier Meter von mir entfernt auf der Erde nach Futter, zwischen sprießenden Brennnesseln und anderen Pflanzen, die in Kürze wachsen und hoch und saftig werden dürften.

Wer weiß, an welchen wissenschaftlichen Untersuchungen diese beiden Meisen schon teilgenommen haben. Da ich ohne Führer unterwegs bin, werde ich die Antwort nie erfahren, habe aber noch in Norwegen verabredet, das Nistkastengebiet der Universität Oslo zu besuchen, das draußen in Bærum liegt. Dort werde ich mir anschauen, wie die Forscher mit Kohl- und Blaumeisen arbeiten, und kann sie nach Herzenslust befragen.

Heute habe ich immerhin meinen Proviant in Gesellschaft der berühmten Wytham-Meisen verspeist, aber nun wird es Zeit, nach Oxford und zu meiner Familie zurückzukehren. Morgen fliegen wir heim, zurück zu unserem Haus und den Nistkästen, in denen in der Zwischenzeit alles Mögliche passiert sein mag.

Zusammenleben

Als die Koffer am Abend des Ostermontags ins Haus getragen sind, wird es Zeit, nach meinem Nistkasten mit Kamera zu schauen. Darin ist alles ruhig und still. Das Schwarzweißbild der Nachtkamera zeigt nach wie vor einen vollkommen leeren Raum.

Als ich am nächsten Tag nach der Arbeit hinausgehe, um den Grill anzufeuern, sitzt das Blaumeisenmännchen singend in dem Gebüsch zwischen uns und dem Nachbarn, direkt neben dem Nistkasten. Ich gehe davon aus, dass es dieselbe Blaumeise ist, die schon das ganze Frühjahr hier gewesen ist und unseren Garten offensichtlich als Teil ihres Reviers betrachtet. Hinterher, während wir auf der Veranda essen, untersuchen zwei Blaumeisen gemeinsam den anderen Nistkasten in der Kiefer, in dem die Kohlmeisen schon vor Ostern begonnen haben, ihr Nest zu bauen. Das Blaumeisenpaar pickt am Einflugloch und schaut hinein, wie ich es auch zuvor beobachtet habe.

Was sie da tun, ist ein bisschen seltsam, denn die Kohlmeisen bewohnen weiterhin den Kasten, auch wenn sie gerade nicht daheim sind, außerdem sollten die Meisen inzwischen bereits Eier in einer von ihnen ausgewählten Nisthöhle legen. Die Blütenknospen im Kirschbaum haben weiße Spitzen, die Laubbäume zarte, hellgrüne Schleier bekommen. Der Zilpzalp ist schon da und der Fitis kann jeden Tag eintreffen. Es will mir einfach nicht einleuchten, dass dieses Blaumeisenpaar Zeit hat, umherzuschwirren und die Behausungen anderer zu inspizieren.

Auch ihr Besuch im Kamerakasten kurz vor Ostern war merkwürdig. Blaumeisenpaare etablieren sich im Allgemeinen früher als Kohlmeisen. Als die Kohlmeise sich schon eine Weile vor Ostern niederließ und mit dem Nestbau begann, hätte das Blaumeisenpaar es ihm eigentlich gleichtun müssen.

Vielleicht ist das Blaumeisenmännchen in unserem Garten ja auf ein Abenteuer aus, während seine Frau daheim vollauf beschäftigt ist. Die Blaumeise ist nämlich Polygamist. Einer ansehnlichen Minderheit von Blaumeisenmännchen gelingt es tatsächlich, eine zweite Partnerin zu finden, die an anderer Stelle im Revier des Männchens ihre eigene Höhle bezieht.

Auch die norwegischen Blaumeisen betreiben Vielweiberei, aber am eingehendsten untersucht hat das Phänomen der belgische Ornithologe Bart Kempenaers. In Belgien leben manche Blaumeisen in mehr oder weniger permanenten Dreiecksbeziehungen, schreibt er. Beide Damen sind mit ihrem männlichen Partner bereits am Anfang des Winters im Revier und bleiben dort häufig auch noch, nachdem die Jungen flügge geworden sind. Sie scheinen sich ohne größere Konflikte mit der Situation abzufinden. Es ist denkbar, dass alle Beteiligten nacheinander in ein etabliertes Dreiecksrevier gezogen sind, weil einer der Plätze dort durch einen Todesfall frei wurde. In einem solchen Fall wussten sie möglicherweise, worauf sie sich einließen.

Andere Blaumeisenmännchen kommen rasch zu einer Zweitfrau, während die erste mit der Wahl einer Behausung, Nestbau, Eierlegen oder Brüten beschäftigt ist. Dies versucht die Erstfrau verständlicherweise zu verhindern. Schließlich läuft sie Gefahr, dass er seinen Arbeitseinsatz bei der Futtersuche auf beide Nester verteilt.

Für das Männchen hat die erste Brut oberste Priorität, aber je weniger Zeit zwischen Erst- und Zweitbrut liegt, desto mehr Hilfe erhält Brut Nummer zwei, wahrscheinlich, weil die ältesten

Jungen die besten Chancen haben, zu überleben und sich fortzupflanzen. Vergehen neun oder mehr Tage zwischen dem Ausbrüten des ersten und des nachfolgenden Geleges, hilft das Männchen überhaupt nicht bei der Fütterung der Zweitbrut.

Für Blaumeisenweibchen, die mit einem Männchen ein Paar bilden, gilt es deshalb unbedingt zu verhindern, dass ein zweites Weibchen sich zu Beginn des Frühjahrs im Revier niederlässt. In der Zeit vor und während des Nestbaus, ist das Weibchen auf der Hut vor weiblichen Eindringlingen und greift diese häufig an. Ist der weibliche Eindringling hartnäckig, kann der Konflikt Stunden oder sogar Tage andauern und es kommt zu Drohgebärden, Jagden und regelrechten Kämpfen mit Schnabel und Krallen. Die Ortsansässige stürzt sich zuweilen in der Luft auf das andere Weibchen, so dass es abstürzt. Das Männchen bleibt in der Rolle des Zuschauers.

Beliebte Männchen, die ein Weibchen, das sie besucht, einladen wollen, sich zu Anfang des Frühjahrs in ihrem Revier niederzulassen, während die Partnerin noch wachsam ist, verlegen sich häufig darauf, der frisch Eingetroffenen eine Höhle im Revier zu zeigen, die möglichst weit von der Stelle entfernt liegt, an der es mit seiner ersten Frau wohnt. Meistens bekommt die erste Partnerin trotzdem mit, was vorgeht, und verjagt den Eindringling. Sie behält ihren Mann im Auge und begleitet ihn häufig, wenn er zu längeren Ausflügen aufbricht.

Da das Weibchen mit der Zeit jedoch immer beschäftigter ist, zunächst mit dem Nestbau, danach mit dem Legen von Eiern und schließlich mit dem Brüten, bleibt ihm immer weniger Zeit, auf seinen Mann aufzupassen und gegen Eindringlinge vorzugehen. Gleichzeitig wird wie erwähnt die Gefahr, bei der Aufzucht der Brut auf seine Hilfe verzichten zu müssen, schrittweise kleiner, da das Männchen Junge, die spät ausgebrütet werden, vernachlässigt. Sobald das Weibchen alle Eier gelegt hat und mit Brüten beschäftigt ist, lassen sich manche Männchen in aller Offenheit bei einer anderen Höhle in ihrem Revier nieder und singen anhaltend, wie sie es auch getan hätten, wenn sie noch ohne Partnerin wären.

Es gibt eine weitere Möglichkeit, wie Blaumeisenmännchen zu zwei Weibchen kommen können. Wenn eines der etablierten Männchen im Laufe des Frühjahrs umkommt, zum Beispiel als Opfer eines Sperbers, geht das Nachbarmännchen manchmal eine Verbindung mit der Witwe ein und übernimmt das Revier, in dem sie lebt, zusätzlich zu seinem eigenen. Das dürfte vor allem vorkommen, wenn dieses Weibchen weiterhin die Bereitschaft zeigt, Eier zu legen, die er befruchtet hat.

Kempenaers studierte seine Blaumeisen in einem alten Schlosspark, in dem große Eichen und Buchen in Gehölzen zusammen mit niedrigeren Kirschbäumen und Rhododendronbüschen wachsen. Hervorragendes Blaumeisenterrain. Dort hängen außerdem hundert Nistkästen mit so engen Einfluglöchern, dass sie nur für Blaumeisen in Frage kommen, außerdem hängen sie so dicht, dass jedes Männchen mindestens zwei Kästen in seinem Revier hat. In diesem Blaumeisenparadies hatte jedes fünfte Männchen zwei Weibchen gleichzeitig. In seltenen Fällen drei. Für ein alleinstehendes Weibchen kann es sich durchaus lohnen zu versuchen, die zweite Frau eines attraktiven Männchens mit gutem Revier zu werden, selbst wenn sie darum kämpfen muss und Gefahr läuft, die Jungen allein füttern zu müssen, falls die Eier zu spät ausgebrütet werden. In dem belgischen Schlosswald leben außerdem mehr Weibchen als Männchen. Das spielt sicher auch eine Rolle.

Eine solche Vielweiberei gibt es bei Kohlmeisen nicht, zumindest nicht in Europa. Alleinstehende Weibchen ohne Bleibe tun sich lieber mit einem Männchen in ähnlicher Lage zusammen und versuchen, im Verborgenen im Revier anderer Kohlmeisen zu nisten. Manchmal gelingt es ihnen, ihre Jungen unter derart jämmerlichen Verhältnissen aufzuziehen, aber es geht ihnen bedeutend schlechter, als Meisenfamilien, die über ein eigenes Revier verfügen. Es ist nicht ganz klar, warum die Kohlmeisen nie solche Mehrfrauenfamilien gründen, wie sie bei den Blaumeisen vorkommen. Möglicherweise stellt sich das Kohlmeisenweibchen beim Verjagen seiner Rivalinnen geschickter an. Im Frühjahr 1991 setzte Biologieprofessor Tore Slagsvold von der Universität Oslo Käfige mit fremden Kohlmeisen in den Revieren in Sørkedalen nördlich der Stadt aus. War ein Männchen in dem Käfig, griff das ortsansässige Männchen an, während seine Partnerin wenig Interesse zeigte. War dagegen ein Weibchen in dem Käfig, war es deutlich aggressiver als sein männlicher Partner. Diesmal versuchte es eifrigst, durch die Käfigstäbe auf die Konkurrentin einzuhacken. Selbst in der Zeit des Brütens und Fütterns der Jungen im Nest saßen manche Kohlmeisenweibchen fast ununterbrochen auf dem Käfig, wenn Slagsvold ihn eine volle Stunde stehen ließ.

Es gibt einen weiteren wichtigen Unterschied zwischen den Familienmustern der beiden gelben Meisenarten. Einigen Kohlmeisenpaaren gelingt es, zunächst eine Brut aufzuziehen und danach eine zweite im Laufe desselben Frühlings und Vorsommers. Dagegen zieht ein Blaumeisenweibchen in einer Brutzeit so gut wie nie mehr als eine Brut auf, selbst wenn sie die volle Unterstützung des Männchens hat. In Südeuropa gelingt Blaumeisen dies manchmal. In Norwegen geschieht es nur in besonderen Situationen, etwa wenn die erste Brut sehr klein ist, so dass die Mutter weniger erschöpft ist als sonst.

Die Blaumeise gleicht dies dadurch aus, dass sie in der ersten Runde mehr Eier legt als die Kohlmeise, und je weiter nördlich man in Europa kommt, desto mehr Eier legt sie. Zehn Eier sind eine übliche Größe für ein Gelege und Forscher, die sich nahe meiner Heimat mit Blaumeisen beschäftigen, berichten von bis zu dreizehn Eiern in jedem Gelege. Unter den Vögeln, deren Junge darauf angewiesen sind, im Nest gefüttert zu werden, dürfte es keine zweiten geben, die so viele Eier auf einen Schlag legen wie die Blaumeise. Die meisten anderen Vögel, die ihre Jungen in der ersten Zeit im Nest füttern (im Gegensatz zum Beispiel zu Enten, deren Junge von Anfang an bei der Futtersuche dabei sind), legen nur drei bis sechs Eier. Auch die Kohlmeise legt viele Eier, aber die Erstbrut ist meist kleiner als bei den Blaumeisen. Der Rekord für Kohl- und Blaumeise soll allerdings gleich sein – achtzehn Eier in einem Gelege! Tore Slagsvold, der seit vielen Jahren die Bewohner von Nistkästen studiert, weist allerdings darauf hin, dass Nester mit sehr vielen Eiern in Wahrheit zwei Gelege enthalten können, ein erstes, das ein Fehlschlag war, weil die Eier zu lange liegen blieben, ohne vom Weibchen bebrütet zu werden, und eine Ersatzbrut, in der noch Leben ist.

Nichts Neues

Dass Meisen viele Junge bekommen, ist nichts Neues. Schon vor mehr als 2300 Jahren schrieb der griechische Philosoph Aristoteles über die Meisen, sie legten mehr Eier als alle anderen Vögel außer dem Strauß. Heute wissen wir, dass mehrere Straußenweibchen ihre Eier in ein gemeinsames Nest legen. Aristoteles wusste zudem, dass Meisen Raupen fressen, und notierte zur Kohlmeise, »… sie ist die größte Meise, so groß wie der Buchfink«, und jeder kann sehen, dass er recht hat. Der Philosoph in der Ägäis erwähnt darüber hinaus eine Meise, die den anderen ähnele, aber kleiner sei. Wahrscheinlich meinte er die Blaumeise. Beide Arten leben bis heute in Hellas.

Die Bienenzüchter der griechischen Antike mussten offenbar die gleiche Erfahrung machen wie mein Großvater. Aristoteles beschreibt die Meisen als die schlimmsten Feinde der Bienen, zusammen mit Wespen und zwei anderen Vogelarten. Aristoteles berichtet, dass die griechischen Bienenzüchter Wespen- und Schwalbennester zerstörten, außerdem die Nester des hübsch grünglänzenden Bienenfressers. Außerdem verjagten sie Frösche von den Wasserlöchern, an denen die Bienen tranken. Seltsamerweise erwähnt er dagegen nicht, dass sie auf diese Art auch die Meisen verfolgten. Vielleicht hatten die Menschen sie damals schon ins Herz geschlossen.

Frühlingsroutine

Mein Eindruck nach einigen Frühlingswochen eifriger Meisenbeobachtung lässt sich mit einem Satz zusammenfassen: man bekommt erstaunlich wenig mit. Man sieht sie ziemlich oft und hört sie ständig singen, außerdem schenkt man den anderen Vögeln in der Nachbarschaft mehr Beachtung als sonst, weil man nach Meisen Ausschau hält. Die Feldsperlinge, die stets in kleinen Gruppen zusammenhocken. Die Elstern, Krähen und Silbermöwen, die nach Gegrilltem und Mahlzeiten im Freien spähen. Nicht zu vergessen die Zugvögel, die nach und nach auftauchen, seit Insekten und Regenwürmer zum Leben erwacht sind. Aber dramatischere Begebenheiten im Leben der Meisen wie Revierkonflikte und Kämpfe habe ich bislang nicht erlebt, nur von ihnen gelesen. Die Meisen führen ihr Leben rund um die Uhr, während ein berufstätiger Mann mit Familie bestenfalls gelegentlich eine halbe Stunde oder ein paar Minuten Zeit findet, es zu begleiten. Außerdem streifen die Vögel in einem ziemlich großen Revier umher, oft auf Nachbargrundstücken, auf denen man nicht einfach mit dem Fernglas hereinplatzen kann. Dennoch erahne ich nun, Ende April, ein Muster im Tagesrhythmus der Kohlmeisen. Täglich gegen sieben Uhr kehrt das Paar zur unmittelbaren Umgebung des Nistkastens zurück. Manchmal drehen sie, auf den umliegenden Zweigen nach Futter suchend, eine letzte Runde, bevor das Weibchen im Kasten verschwindet, um dort zu übernachten. Daraufhin lässt sich das Männchen irgendwo nieder und singt. Das tut es lange.

Es ist typisch, dass das Männchen am ausdauerndsten singt, wenn das Weibchen im Nistkasten ist. Wahrscheinlich, weil es dann weiß, wo seine Partnerin ist und die Überwachung somit einstellen kann. In der kurzen Periode im Frühjahr, in der das Weibchen fruchtbar ist, begleitet das Männchen es ansonsten, um sicherzustellen, dass die Eier von keinem anderen befruchtet werden. Sobald er von dieser Aufgabe befreit ist, wird es Zeit, sein Revier mit einer Gesangseinheit zu behaupten.

Kohlmeisenweibchen legen jeweils ein Ei am frühen Morgen, bis sie beschließen, genug gelegt zu haben. Nachdem das Ei gelegt wurde, bleibt das Weibchen noch eine Weile im Nistkasten. Im Morgengrauen setzt sich das Männchen davor und singt. Der Morgengesang wendet sich offenbar in erster Linie an die Partnerin, denn das Weibchen antwortet leise aus dem Kasten heraus. Wenn es schließlich herauskommt, paaren sich die beiden.

Während Gewalt und Streit mit den Nachbarn also spontan und unvorhersehbar ausbrechen, weist das Sexleben des Meisenpaars eine gewisse Regelmäßigkeit auf. Es sollte also möglich sein, ihre Paarung zu beobachten, wenn man an einem Samstagmorgen nur früh genug aufsteht.

Seltsam, dass Sex sich auszahlt

Sex ist in vieler Hinsicht merkwürdig, aber besonders seltsam ist, dass er sich auszahlt. Schließlich bringt das Geschlechtsleben alle möglichen Probleme mit sich. Ansteckungsgefahr, zum Beispiel. Sexuell übertragbare Krankheiten sind keine Besonderheit des Menschen. Außerdem lässt das Bedürfnis, sich zu paaren, ansonsten vorsichtig und vernünftig handelnde Individuen unkonzentriert werden und verleitet sie dazu, sich zahlreichen Gefahren auszusetzen. Die Paarungsphase ist eine gute Zeit für all jene, die paarungsbereite

Tiere fressen wollen. Außerdem verbraucht der Kampf um die Partner Ressourcen, die ansonsten genutzt werden könnten, um mehr Nachwuchs aufzuziehen. Für uns ist es natürlich toll, dass Tiere und Pflanzen Energie darauf verschwenden, sich herauszuputzen und zu zeigen. Sonst könnten wir weder dem Vogelgesang lauschen noch bunte Blumen bewundern. Aber warum zahlt sich das aus?

Den Büchern zufolge tun wilde Tiere und Pflanzen es, um sicherzustellen, dass sie möglichst viele Nachfahren bekommen, denen es dann wiederum gelingt, sich fortzupflanzen. Sie sollen die Gene erben, die ihren Vorfahren den größtmöglichen Erfolg beschert haben. Aber warum haben sich keine Gene für eine Jungfernzeugung durchgesetzt?

Es ist ja nicht so, dass es sie überhaupt nicht gäbe. Nehmen wir nur die Wasserflöhe, oder Daphnien, wie sie auch genannt werden. Diese kleinen, wirbellosen Tiere schwimmen gemeinsam mit Kaulquappen und Mückenlarven mit ruckenden Bewegungen in den Seen und Teichen auf Nesodden (und im Großen und Ganzen in Süßwassergewässern überall auf dem Planeten), vor allem dort, wo es keine Fische gibt. Als kleiner Junge fing ich mit einem Kescher Wasserflöhe, um die Fische in meinem Aquarium mit ihnen zu füttern. Bei Daphnien ist die ungeschlechtliche Vermehrung die Regel. Normalerweise sind alle Individuen Weibchen, die allein Kinder zeugen können. Nur in Ausnahmefällen werden Männchen geboren, die einen alternativen Zyklus mit geschlechtlicher Vermehrung in Gang setzen.

Auch unter den mehr als 40 000 bekannten Arten von Wirbeltieren gibt es etwa zehn Fische, Reptilien und Amphibien, von denen man weiß, dass sie sich ungeschlechtlich vermehren können. Bei Vögeln und Säugetieren ist die Jungfernzeugung unbekannt, wenn wir von einem berühmten Ereignis vor ungefähr 2000 Jahren absehen. Wissenschaftlern ist es allerdings gelungen, Mäuse und einige andere Tiere im Labor zu klonen (also ungeschlechtlich zu vermehren, so dass der Nachkomme dieselben Gene erhält wie sein einziges Elternteil)

Sex ist kurz gesagt eine Methode, die genetische Variation so zu erhöhen, dass die natürliche Selektion unter mehr Kombinationen auswählen kann. In jeder Generation mischen wir Gene und häufen damit den genetischen Kartenstapel an. So entstehen immer neue Kombinationen vererbbarer Eigenschaften. Manche haben das Glück, die besten Eigenschaften der jeweiligen Elternteile zu erben, während andere womöglich doppelt und dreifach Pech haben. Wenn alle Klone eines einzigen Elternteils wären, hätten wir dessen starke und schwache Seite als Gesamtpaket geerbt, und die Nachfahren hätten mit denselben schlechten Eigenschaften zu kämpfen gehabt, bis das Geschlecht aussterben oder es eventuell zu einer Mutation kommen würde. Das heißt, zu einem Fehler beim Kopieren von DNA-Molekülen, durch den eine neue Variante eines Gens entsteht, was sich in seltenen Fällen als Vorteil erweist, meistens jedoch von Nachteil ist.

Die Wahrheit lautet, dass es den Biologen trotzdem nicht ganz leichtfällt zu erklären, warum Sex so weitverbreitet ist. Wenn Sie sich der Umgebung, in der Sie leben, mit einer fabelhaften Kombination von Genvarianten angepasst haben – wie ein starkes Pokerblatt –, würden Sie dann nicht lieber noch einmal mit denselben Karten spielen wollen, als Karten mit einem der Mitspieler zu tauschen? Eine neue, zufällige Kombination könnte schließlich leicht zu einem Fiasko führen, wenn Karten kombiniert werden, die nicht zusammenpassen.

Ein Teil der Antwort lautet vielleicht, dass die Lebensumwelt in einem ständigen Wandel begriffen ist. Das Klima verändert sich. Tiere wandern zu neuen Lebensräumen und sehen sich dort mit ungewohnten Bedingungen konfrontiert. Die bedrohlichen Raubtiere, die nagenden Parasiten und die Pflanzen und Tiere, die man selbst isst, entwickeln neue Strategien, auf die man reagieren muss. Kurzum, das Spiel verändert sich für jede Generation ein wenig und das Erfolgsrezept von gestern ist dann nicht mehr gut genug. Vielleicht ist Sex einfach notwendig, um mit Umgebungen Schritt zu halten, die voller einfallsreicher Konkurrenten sind.

Freitagabend stelle ich meinen Wecker auf fünf Uhr, das müsste eine halbe Stunde vor Sonnenaufgang sein. Um den Rest der Familie nicht unnötig früh zu wecken, lege ich mich auf einen staubigen Schlafboden. Ich will noch vor dem Morgengrauen draußen sein, aber mein Plan misslingt, denn um vier Uhr vierzig werde ich von Licht wach, das bereits durch das kleine Fenster hereinströmt. Bis Mittsommer sind es keine zwei Monate mehr, die Sonne verschwindet nicht mehr so tief unter dem Horizont wie sonst.

Vor der Tür singen Buchfink, Blaumeise und ein frisch eingetroffener Fitis. In der Ferne empört sich ein Schwarm Krähen. Zwei Kohlmeisen sind schon mitten in einem lauten Duett. Der näher klingende Vogel ist bestimmt unser eigenes Männchen, es singt in den hohen Birken auf der anderen Straßenseite. Nachdem ich es mir mit einer Tasse Kaffee im Gartenstuhl auf der Veranda gemütlich gemacht habe, taucht es kurze Zeit später in der Eberesche direkt neben der Kiefer mit dem Nistkasten auf. Es lässt einen schnarrenden Laut hören, vermutlich eine Warnung an seine Partnerin im Inneren, dass ich in der Nähe bin. Kurz darauf beginnt es zu singen. Falls das Weibchen ihm von innen antworten sollte, kann ich es jedenfalls nicht hören.

Das Ei, das vielleicht schon im Nistkasten liegt oder soeben gelegt wird, ist weiß mit rotbraunen Flecken. Es ist ein oder zwei Gramm schwer, im Schnitt wiegen Kohlmeiseneier 1,7 Gramm. Die Mutter selbst wiegt nicht mehr als etwa 18 Gramm. Jeden Tag legt sie also ein neues Ei, das ungefähr ein Zehntel ihres eigenen Körpergewichts wiegt, und manchmal macht sie so lange weiter, bis sie das Nest mit Eiern gefüllt hat, die insgesamt mehr wiegen als sie selbst.

Die meisten wissen in etwa, wie ein Vogelei aufgebaut ist. Die kalkhaltige Schale fühlt sich hart wie Stein an, aber es ist gar nicht so einfach, genau das richtige Maß an Kraft einzusetzen, wenn man das Ei am Rand der Bratpfanne aufschlägt. Wenn es einem gelingt, bleiben die Eierschalenstücke in der zähen, weißen

Haut auf der Innenseite hängen und vermischen sich nicht mit dem auslaufenden Eiweiß. Der fette, gelbe Dotter ist von einer eigenen dünnen Haut umgeben, die leicht platzt. Wie willst du dein Spiegelei haben, fragt man den Gast. Wenn man genau hinsieht, bevor man anfängt zu rühren oder zu braten, entdeckt man in dem ansonsten recht durchsichtigen Eiweiß gezwirbelte weiße Fäden. Die Stränge gehen von zwei Punkten am Dotter aus, die sich gegenüberliegen wie Nord- und Südpol. Dies erinnert einen an eine Art Nabelschnur (falsch) oder an eine elastische Befestigung, die den Dotter an Ort und Stelle hält (richtig).

Eier sind sehr nahrhaft und deshalb begehrtes Futter. Der Dotter ist die eigentliche Kalorienbombe, der Essensvorrat des Vogelfötus. Er besteht vor allem aus Fett, dem bevorzugten Medium des Tierkörpers zur Speicherung von Energie. Darüber hinaus enthält der Dotter Protein und Wasser. Bei Vögeln mit Jungen, die in der ersten Zeit hilflos sind wie die Meisen, bildet der Dotter einen kleineren Teil des Eis als bei Hühnern und Enten, deren Junge einigermaßen fertig entwickelt und lebenstüchtig schlüpfen. Die Hühnereier, die wir essen, sind nicht befruchtet, aber wenn alles läuft wie von der Natur vorgesehen, enthalten alle Eier wildlebender Vögel auch einen kleinen Embryo, in dem sich die ursprüngliche verschmolzene Zelle mit den Erbanlagen von Mutter und Vater unaufhörlich in immer mehr Zellen teilt, die sich nach und nach spezialisieren, um die verschiedenen Gewebe und Organe des Vogelkörpers zu bilden. Der Embryo ist von einem System aus Häuten und Adern umgeben, mit denen wir beim Sonntagsfrühstück keine Bekanntschaft machen.

Das Eiweiß besteht größtenteils aus Wasser, das der wachsende Vogelkörper benötigt, sowie aus rund zehn Prozent Proteinen. Traditionell wurde Protein schlicht Eiweiß genannt und in Deutschland kann man bis heute Eiweiß statt Protein in der Auflistung der Inhaltsstoffe auf Nahrungsmittelverpackungen lesen. Diese Bezeichnung wird den Proteinen jedoch nicht wirklich gerecht. Proteine sind vielseitig und allgegenwärtig, sie sind die Bausteine und Wunderchemikalien der lebenden Zellen. Ob wir nun Menschen, Vögel, Bäume oder Mikroorganismen sind, unsere Zellen sind aus Proteinen aufgebaut, die alle aus demselben Bausatz zusammengesetzt sind, der aus zwanzig einfacheren, Aminosäuren genannten Molekülen besteht. Das Rezept für ein Protein wird Gen genannt und besteht hauptsächlich aus einer Anweisung, einen Strang von Aminosäuren in einer bestimmten Reihenfolge miteinander zu verhaken. Das Ergebnis sind große Moleküle – Proteine –, die sich automatisch zu komplizierten, dreidimensionalen Formen entfalten und die unterschiedlichsten Eigenschaften besitzen. Manche sind als Botenstoffe zwischen verschiedenen Teilen des Körpers wirksam, also Hormone, andere als Katalysatoren (Enzyme) oder als Regulatoren für die chemischen Prozesse in der Zelle. Wieder andere bilden winzig kleine Membranen, Ventile und alle Arten anderer Bestandteile, die eine lebende Zelle zum Funktionieren benötigt. Das ganze Spektakel der geschlechtlichen Fortpflanzung vollzieht sich im Grunde, um Rezepte für Proteine auszutauschen.

Das Kohlmeisenmännchen singt und singt, aber aus der Öffnung im Nistkasten kommt niemand heraus. Inzwischen gurren die Ringeltauben aus verschiedenen Richtungen. Vom Bunnefjord dringen die eigentümlichen Rufe der Eiderenten an mein Ohr, und das Licht der Sonne, die sich noch hinter den Anhöhen am anderen Ende des Fjordes verbirgt, wird beständig stärker. Es kann nicht mehr lange dauern, bis das Meisenweibchen herauskommt.

Im Laufe des Frühjahrs sind die bohnenförmigen Hoden des Männchens stark angeschwollen. Seit dem Winter hat sich ihre Länge auf etwa acht Millimeter vervierfacht. Ihr Gewicht hat sich um das Zwanzigfache erhöht. Täglich produzieren die Hoden Millionen reifer Samenzellen. Die Meisen – und andere Tiere, so wie wir selbst – produzieren so wahnsinnig viele Samenzellen, weil das Weibchen auf die Idee kommen könnte, sich im Laufe kurzer Zeit mit mehr als einem Männchen zu paaren, so dass die Samenzellen mehrerer Männchen darum konkurrieren, das Ei zu befruchten. Deshalb ist es wichtig, eine große Mannschaft in Position zu bringen. Vergleicht man verschiedene Vogelarten, lässt sich generell sagen, je wahrscheinlicher es ist, dass die Spermien mehrerer Männchen konkurrieren, desto größer sind die Hoden des Männchens im Verhältnis zum Körpergewicht.

Die Spermien der Meisen sehen unter dem Mikroskop völlig anders aus als unsere, sie sind schraubenförmig und schwimmen folgerichtig, indem sie sich vorwärtsschrauben. Schraubenförmige Samenzellen sind typisch für Sperlingsvögel, die Ordnung Vögel, zu der die Meisen gehören. Professor Jan T. Lifjeld vom Naturhistorischen Museum in Oslo, der das Fortpflanzungssystem der Vögel erforscht, erläutert, dass die Schraubenform wahrscheinlich eine Anpassung ist, um besser in verhältnismäßig zähen Flüssigkeiten schwimmen zu können.

Auch die inneren Geschlechtsorgane des Weibchens sind im Frühjahr stark gewachsen. Bei Vögeln ist häufig nur ein Eierstock aktiv, der einer Traubendolde im Miniaturformat gleicht. Im Frühjahr beginnen einige der winzigen Beeren (aus denen die Eier werden) zu wachsen. Dann kommt es eines Tages zum ersten Eisprung des Jahres. Die reife Eizelle, die bereits mit einem Dotter ausgestattet ist (Eiweiß und Schale kommen nach der Befruchtung hinzu), löst sich und wird von der trichterförmigen oberen Öffnung des Eileiters aufgefangen, der sich streckt, pulsiert und arbeitet wie eine hungrige Seeanemone, um sich das kleine Ei zu schnappen. Am Ende ist es an seinem Platz am oberen Ende des Eileiters, wo die Befruchtung geschehen kann. Der Eileiter ist im Laufe des Frühjahrs von einem dünnen Faden zu dem gewachsen, was ein Lehrbuch für Ornithologie »ein massives muskulöses Eierlieferrohr« nennt.

Ich lehne mich vor und versuche Bilder von dem Kohlmeisenmännchen zu machen, das umgeben von den dünnen senkrechten Stämmen der Eberesche singt. Es verstummt für einen Moment, dann macht es weiter. Ich versuche es noch mehrere Male, aber sobald ich die Kamera deutlich sichtbar bewege, hört es auf zu singen, so dass ich sie schließlich weglege. Das Männchen singt eine Weile, bis es abrupt abbricht und zu den hohen Birken auf der anderen Straßenseite fliegt. Hat es einen Rivalen entdeckt? Ist es dem Weibchen gelungen, von mir unbemerkt aus dem Nistkasten zu schlüpfen? Oder habe ich das Männchen verscheucht?

Die Kohlmeisen im Garten lassen uns oft sehr nahe an sich herankommen, aber manchmal scheint den Vögeln trotz allem bewusst zu sein, worauf unsere Aufmerksamkeit gerichtet ist. Jedenfalls ist es ihnen eindeutig lieber, wenn wir mit uns selbst beschäftigt sind, statt sie intensiv anzuglotzen oder mit Kamera und Fernglas auf sie zu zeigen. Vielleicht hätte ich mich in einem Zelt oder etwas Ähnlichem verbergen sollen, was mir auf der heimischen Veranda allerdings ein wenig peinlich gewesen wäre.

Zielstrebig fliegt eine Elster vorbei, den langen Schwanz im Schlepptau. Vom Fjord her ertönt als Ergänzung zu den gespenstischen Rufen der Eiderenten lautes Stockentenschnattern. Grünfink, Kleiber und Drossel singen, genau wie die Kohlmeise in ihrer Birke.

Als die Sonnenscheibe um Viertel vor sechs hinter den Anhöhen in Oppegård hervorlugt, kommt das Männchen zurückgeflogen. Der Flugrichtung nach zu urteilen, setzt es sich in die kleinen Birken an der Hausecke, singt nun aber nicht mehr. Mir unbekannte Vogellaute dringen von dort an mein Ohr. Als ich mich um die Ecke geschlichen habe, ist in den Birken niemand zu sehen.

Ich schätze, dass es gerade passiert ist. Das Weibchen muss aus dem Nistkasten gekommen sein, als ich gerade woanders hingeschaut habe. Die Paarung der Meisen ist schnell erledigt und geschieht bevorzugt an einer nicht einsehbaren Stelle. Beide Vögel können die Initiative ergreifen, das Signal ist eine zusammengekauerte Pose, rasche, zitternde Flügelschläge und ein spezieller Ruf, der im Englischen »zeedle-zeedle-zeedle-zee« buchstabiert wird. Ist der andere Vogel bereit, antwortet er mit einem ähnlichen Ruf und gleicher Pose. Nachdem einige Sekunden mit diesen Rufen und Gesten vergangen sind, setzt sich das Männchen auf das Weibchen, die Schwanzfedern werden ein wenig zur Seite geschoben, die beiden sogenannten Kloaken begegnen sich kurz und ein kleiner Tropfen mit etwa einer Million dicht gedrängter Spermien wird von der Kloake des Männchens, die im Frühjahr anschwillt und leicht vorsteht, übertragen. Der Vogelsamen ist wesentlich konzentrierter als unserer. Er enthält fast ausschließlich Spermien. Erst wenn sie in das Weibchen gelangen, bekommen sie sozusagen etwas Beinfreiheit und schwimmen auf das Ei zu.

Auf seinem Weg den Eileiter hinab wird das befruchtete Ei mit Eiweiß und Membranen ausgestattet. Die Schale bildet sich zuletzt, in der Gebärmutter, die kein Aufenthaltsort für ein Vogelembryo ist. Vögel haben eine Körpertemperatur von vierzig Grad oder mehr, zu hoch, um eine Entwicklung des Embryos im Körper zu gestatten.

Fürsorge und Untreue

Sonntagnachmittag beobachte ich erstmals, dass das Kohlmeisenweibchen bei seinem Partner in dem noch hellgrünen Fliederstrauch um Futter bettelt. Sie zeigt dasselbe hilflose, schnelle Flattern, mit dem die Meisen auch ihre Paarungsbereitschaft signalisieren, und mit dem viel später die Jungen betteln, nachdem sie das Nest verlassen haben. In den folgenden Tagen wird das Betteln des Weibchens zu einem vertrauten Anblick, außerdem lerne ich den speziellen Ruf kennen, den es hören lässt, wenn es um Futter bittet, es ist derselbe, der einer Paarung vorausgeht.

Das Füttern durch das Männchen ist wahrscheinlich eine Voraussetzung dafür, dass seine Partnerin so viele Eier legen kann. Es dürfte ihr vor allem die proteinreiche Kost des Frühjahrs geben, aber einmal sehe ich auch, dass er die Schale eines Sonnenblumenkerns aus dem Futterspender entfernt, der noch im Kirschbaum hängt, und das Weibchen mit dem Kern füttert.

Das Kohlmeisenmännchen füttert seine Partnerin.

Das Dilemma des Meisenmännchens besteht darin, dass die Eier, die das Weibchen legt, einen anderen biologischen Vater haben können. Ungefähr jedes dritte Kohlmeisennest enthält ein oder mehrere Eier, die nicht von dem Männchen befruchtet wurden, das Futter für Mutter und Junge holt. Häufig geht es nur um ein oder zwei Eier, aber in seltenen Fällen kann die gesamte Brut einen anderen Vater haben. Alles in allem sprechen wir von fünf bis zehn Prozent der Kohlmeisenjungen. Letztlich sind es also doch so wenige, dass die Meisenmännchen das beste hoffen können und einigermaßen pflichtbewusste Väter sind.

Aber warum sind die Meisen untreu? Das Verhalten des Männchens lässt sich im Grunde leicht erklären. Wenn es zusätzlich zu den eigenen Eiern noch welche in einem anderen Nest befruchtet, kann es mit sehr wenig Aufwand mehr Nachwuchs bekommen. Deshalb schlägt es gern zu, wenn sich ihm die Gelegenheit dazu bietet.

Bei den Weibchen sieht die Sache etwas anders aus, denn sie können im Laufe einer Brutzeit nur so viel Junge bekommen wie sie befruchtete Eier in ihr eigenes Nest legen und behüten können. Ein guter Grund für das Weibchen, sich mit anderen zu paaren, könnte darin bestehen, sich für den Fall abzusichern, dass der Partner unfruchtbar ist. Meisen sind wie andere Vögel in der Lage, Samen in speziellen Seitengängen am Übergang zwischen Gebärmutter und Scheide zu lagern. Die Spermien werden daraufhin über einen Zeitraum von mehreren Tagen nach und nach freigegeben. Ein oder zwei außereheliche Paarungen zu Beginn der fruchtbaren Phase des Weibchens im Frühling können so die Brut sichern, falls der Partner nicht fähig sein sollte, selbst die Eier zu befruchten. Wenn eine komplette Brut manchmal einen anderen Vater hat, könnte dies bedeuten, dass das Männchen, das Futter zum Nest bringt, unfruchtbar ist und das Weibchen für seine Rückversicherung belohnt wurde.

Vorstellbar ist auch, dass die Meisenweibchen andere Männchen aufsuchen, weil es für sie von Vorteil ist, Junge mit einem anderen als dem eigentlichen Partner zu bekommen. Die Biologen haben allerdings keine soliden Anhaltspunkte dafür gefunden, dass die Kohlmeisenweibchen bei der Entscheidung für ihre außerehelichen Partner wählerisch sind. Dagegen gibt es eine Reihe von Belegen dafür, dass Blaumeisenweibchen über ihren Partner hinaus aktiv attraktive Männchen aufsuchen, um so ihrem Nachwuchs vorteilhafte Gene zu sichern.

In dem belgischen Schlosswald fanden Bart Kempenaers (der auch die Vielweiberei studierte) und seine Kollegen heraus, dass die Blaumeisenweibchen sich den Männchen gegenüber eindeutig unterschiedlich verhielten. Männchen, die am häufigsten von anderen Weibchen als der Partnerin besucht wurden, hatten gleichzeitig Partnerinnen, die treu zu sein schienen und nur selten andere Reviere besuchten. DNA-Tests zeigten, dass diese beliebten Männchen insgesamt mehr Nachkommen hatten als andere. Die Meisenmännchen, die von ihren Partnerinnen betrogen wurden und die Jungen anderer aufzogen, erhielten dagegen nur wenig Damenbesuch in ihrem Revier. Sie bekamen weniger Junge, außerdem war die Sterblichkeit unter diesen Männchen höher. Die Schlussfolgerung der Studie lautete, dass die begehrten Männchen wahrscheinlich Gene besitzen, die den Jungen bessere Überlebens- und größere Fortpflanzungschancen bescheren. Im Grunde kann man sich viele Vorteile vorstellen, die für das Weibchen mit der Wahl eines attraktiven Männchens verbunden sind, zum Beispiel, dass es Gene besitzt, die seine Jungen gesund und erfolgreich machen, aber auch, dass es auf diese Art die Mutter von Söhnen mit den gleichen attraktiven Zügen wird, die von den Weibchen so bevorzugt werden. Sexuelle Vorlieben, zum Beispiel für gewisse Farbzeichnungen, können auf diese Weise von Generation zu Generation eine selbstverstärkende Wirkung haben.

Im Wienerwald stellte sich außerdem heraus, dass die außerehelichen Ausschweifungen der Blaumeisen einer möglichen Inzucht vorbeugen. Das Problem von Inzucht besteht kurz gesagt darin, dass Eltern, die miteinander verwandt sind, die Gefahr erhöhen, dass beide Kopien, die man von einem Gen erbt, defekt sind. Bekanntermaßen wird die DNA in Päckchen geliefert, die Chromosomen genannt werden. Man erbt zwei komplette Chromosomensätze, von der Mutter und vom Vater, und damit die doppelte Menge von allen Genen. Das ist bei Vögeln nicht anders. Erbt man ein fehlerhaftes Gen nur von einem Elternteil, wird das gesunde Gen vom anderen Elternteil häufig dafür sorgen, dass trotzdem alles gutgeht. Deshalb ist es besser, wenn die Eltern nicht zu eng verwandt sind, damit ihre Gene sich nicht zu sehr gleichen. Je weiter die Meisen von daheim ausfliegen, ehe sie sich in einem Revier etablieren, desto weniger sind sie von Inzucht bedroht. Vor allem die Weibchen machen sich auf den Weg. Im Wienerwald scheinen die Meisen allerdings so sesshaft zu sein, dass sie regelmäßig Partner finden, mit denen sie etwas enger verwandt sind, als gut für sie ist. Aber Katharina Foerster und ihre Mitautoren, darunter die Norweger Arild Johnsen und Jan T. Lifjeld, entdeckten, dass die Weibchen sich gern mit fremden Männchen paaren, die umherstreifen oder deren Revier ziemlich weit entfernt liegt. Diese sind häufig genetisch verschiedener als der soziale Partner. Dadurch sind die Jungen aus außerehelichen Verbindungen durchschnittlich weniger von Inzucht betroffen. Das ist ein großer Vorteil, denn die Blaumeisen im Wienerwald, die verhältnismäßig viele Unterschiede zwischen den beiden Chromosomensätzen aufweisen (weil die Eltern nicht miteinander verwandt sind), haben bessere Überlebenschancen, eine intensivere Färbung auf dem Scheitel, von den Blaumeisen als sexuelles Signal genutzt, und größeren Erfolg dabei, selbst Nachwuchs zu bekommen, wenn die Zeit dafür gekommen ist.

Früher glaubten die Ornithologen, die meisten Vögel wären streng monogam. Erst in den neunziger Jahren, als Vaterschaftstests möglich waren, gewann man einen Überblick darüber, wie verbreitet Untreue bei Vögeln ist, die in Paaren zusammenleben. Die Tests der Ornithologen entsprechen denen für Menschen. Sie belegen, dass einige Vogelarten zwar vollkommen treu sind, sehr viele es dagegen so halten wie die Meisen und gelegentlich ein bisschen untreu sind, und eine Reihe von Arten sind extrem promiskuitiv, zum Beispiel die hübschen Blaukehlchen, die in den norwegischen Bergen auf Höhe der Baumgrenze leben (raten Sie mal, warum das Männchen eine blaue Kehle hat). Nach wie vor wird intensiv diskutiert, welche Bedeutung diese Entdeckung für die Frage hat, wie die sexuelle Selektion abläuft. Die Forscher sind sich nicht sicher, ob die Jungen normalerweise einen genetischen Vorteil von der Untreue ihrer Mütter haben, selbst bei so gründlich erforschten Arten wie den Meisen nicht. Vielleicht sind Schwächen in den Forschungsmethoden dafür verantwortlich, dass die Ergebnisse unterschiedliche Schlüsse zulassen. Es könnte aber auch an Unterschieden zwischen verschiedenen Beständen derselben Art liegen. Die Lebensbedingungen für Blaumeisen sind in verschiedenen Regionen Europas recht unterschiedlich, und bei den Beständen gibt es selbst bei einem relativ geringen Abstand zueinander genetische Varianten.

In norwegischen Blaumeisennestern scheint der Anteil von Jungen mit einem anderen Vater ungefähr so hoch zu liegen wie bei den Kohlmeisen. Weiter südlich in Europa liegt der Anteil jedoch bedeutend höher. Ein Grund könnte sein, dass Blaumeisen mehr Eier legen, je nördlicher man kommt (Vögel legen generell umso mehr Eier, je weiter man vom Äquator entfernt ist). Außereheliche Paarungen finden vor allem zu Beginn der fruchtbaren Phase des Weibchens statt. Bei den ersten Eiern, die es legt, besteht deshalb am ehesten die Chance, dass sie von einem anderen Männchen als dem Partner befruchtet wurden. Die zusätzlichen Eier, die Blaumeisen im Norden legen, kommen zuletzt und werden folglich größtenteils vom Partner befruchtet. Allerdings scheint es auch von Ort zu Ort Unterschiede dafür zu geben, wie viele außerehelichen Paarungen vorkommen. Eine Studie aus Südfrankreich ergab, dass die meisten Nester mindestens ein Junges mit einem anderen Vater enthielten. Der Anteil sank, als Anne Charmantier und die anderen Forscher die Zahl der Nistkästen in einem Teil des Studiengebiets verringerten, so dass die Entfernung zwischen den Nestern größer wurde.

Worauf das Blaumeisenweibchen achtet, wenn es ein Männchen für eine einzelne Paarung auswählt, lässt sich nur schwer überblicken. Ältere Männchen sind überrepräsentiert, entweder weil die Weibchen ihnen den Vorzug geben oder weil sie das Spiel raffinierter beherrschen. Vielleicht beweist bereits ihr langes Überleben, dass sie gute Gene haben, weshalb die Weibchen geneigt sind, sich eher für sie zu entscheiden. Bei österreichischen Meisen stellte man fest, dass die älteren Blaumeisen morgens früher singen, und Ornithologen, die sich mit der Gesangsaktivität beschäftigten, meinen, dies könnte ein Kennzeichen sein, auf das die Weibchen lauschen, wenn sie einen raschen Besuch zu früher Morgenstunde in Erwägung ziehen.

Man wüsste natürlich nur zu gern, welche Gedanken und Gefühle mit den Seitensprüngen und Eifersuchtsdramen der Meisen verbunden sind. Dass sie auf die Begegnung mit Rivalen erregt und aggressiv reagieren, lässt sich kaum bezweifeln. Ob der Partner oder die Partnerin sie verletzt oder enttäuscht oder ob sie so etwas wie ein schlechtes Gewissen quält, weiß kein Mensch, aber zwei Artikel über spanische Blaumeisen erzählen eine eigentümliche Geschichte.

Männchen, die das Heim schmücken

In Mittelspanien, zwischen Korkeichen und anderen südlichen Eichenarten, haben die Blaumeisenmännchen die Angewohnheit, das Nest mit Federn zu schmücken, die sie finden.

Dort wie andernorts auch baut das Weibchen das Nest eigentlich allein. Das Männchen holt lediglich große und auffällige Federn, die es gut sichtbar in der Nisthöhle, aber außerhalb der eigentlichen Nestschale platziert. Diese Schmuckfedern helfen also nicht, das Nest zu isolieren oder für eine gleichmäßige Temperatur der Eier zu sorgen. Sie stammen häufig aus den Resten von Mahlzeiten eines Sperbers. Als Forscher künstliche Federn auslegten, begeisterten die Männchen sich besonders für die orangen.

Es scheint eine recht lokale Sitte zu sein, denn dieses Verhalten ist an anderen Orten auf der iberischen Halbinsel längst nicht so verbreitet, und wenn ich recht sehe, ist es in unserem Teil Europas unbekannt. Die Wissenschaftler Juan José Sanz und Vicente García-Navas meinen, das Männchen sammele die Federn wahrscheinlich, um dem Weibchen zu beweisen, wie stark und lebenstüchtig es ist. Als Beweis könnte dies glaubwürdig sein, weil die Federn schwer zu finden sind oder die stärksten Männchen die Federquellen in der näheren Umgebung für sich beanspruchen. Die Dekoration des Nests ist mit anderen Worten ein ähnliches Signal wie der Gesang und das farbenfrohe Federkleid der Meisen. Jedenfalls stellte sich heraus, dass das Weibchen häufig mehr Eier in das

Nest legte, wenn das Männchen es geschmückt hatte, im Unterschied zu Nestern, in denen diese Dekoration fehlte. Dazu hatten sie allen Grund, denn die Männchen, die das Heim schmückten, beschafften später die meiste Nahrung für die Jungen, was auch damit zusammenhängen könnte, dass die Männchen, die Federn zur Nisthöhle trugen, oft verhältnismäßig großgewachsene Individuen und wahrscheinlich in guter Verfassung waren. Auch als die Forscher bei ausgewählten Nestern selbst Federn hinzufügten oder entfernten, reagierten die Weibchen, indem sie die Zahl der Eier, die sie legten, justierten. Dieses Experiment führte allerdings auch zu anderen und überraschenden Ergebnissen: Viele Männchen arbeiteten hartnäckig daran, die farbintensiven Federn zu entfernen oder zu verstecken, mit denen die Biologen die Nester geschmückt hatten. Mehrere Männchen verließen zudem Weibchen und Junge, wenn die Forscher Federn hinzugefügt oder entfernt hatten.

Für die Männchen sind die unbekannten Federn offenbar ein Zeichen dafür, dass ein anderes Männchen aufgetaucht ist und die Jungen vielleicht nicht ihre eigenen sind. Einer weiterführenden Studie zufolge trugen die Männchen in den Nestern, die die Forscher mit Federn versehen hatten, weniger zur Fütterung der Jungen bei als sonst. Sie waren außerdem eher geneigt, die Familie ganz zu verlassen, auch wenn die meisten blieben. Die allermeisten Männchen trugen die fremden Federn fort oder vergruben sie.

Die Befunde aus Spanien deuten darauf hin, dass es Konsequenzen für die Meisenfamilie hat, wenn das Männchen einen Grund sieht, misstrauisch zu sein. Vorstellbar ist, dass sie hierzulande auf andere Anzeichen achten, um die Treue ihrer Partnerin zu bewerten, aber falls es so sein sollte, weiß derzeit keiner, wonach sie Ausschau halten. Wenn das Männchen seine Fürsorge für die Kinder verringert, weil es Verdacht geschöpft hat, sollte man meinen, dass das Weibchen sein Bestes geben wird, es davon zu überzeugen, dass alles in Ordnung ist, aber bisher scheint kein Ornithologe untersucht zu haben, ob diese Rücksichtnahme tatsächlich das Verhalten des Weibchens im Frühjahr prägt.

Eier und Junge

In unserer Nachbarschaft ist entlang der Wege ein neuer Vogelgesang zu hören. Es ist eine kurze, rhythmische, aber etwas unbestimmbare Flötenstrophe. Der Sänger ist etwas kleiner als die Kohlmeise, aber größer als die Blaumeise. Er hat ein auffälliges, schwarzweißes Federkleid und seine Art trägt den Namen Trauerschnäpper, obwohl das Weibchen eher braun und weiß ist. Typisch für Schnäpper ist, dass sie manchmal genau dies tun – von dem Ast auffliegen, auf dem sie gerade sitzen und sich ein fliegendes Insekt aus der Luft schnappen. Meisen kennen diese Jagdtechnik nicht.

Wie üblich tauchen die Trauerschnäpper in den Tagen um den 1. Mai auf Nesodden auf, aber in unserem Garten höre ich in diesem Jahr keine. Das Nachbargrundstück, auf dem stets Trauerschnäpper nisteten, ist von den Bauherren in Stücke gesprengt worden. Der Nistkasten, in dem sie brüteten, ist zusammen mit dem Baum verschwunden, in dem er hing. Es wäre natürlich schön gewesen, wenn der Trauerschnäpper sich für den freien Kamerakasten an der Hauswand entschieden hätte, aber darauf deutet nichts hin.

Für die Meisen ist die Ankunft der Schnäpper eine schlechte Nachricht. Sie konkurrieren mit ihnen um Nistplätze und Nahrung. Wenn ein Mangel an Bruthöhlen herrscht, setzen die Trau erschnäpper alles daran, die Höhlen der Meisen zu übernehmen. So greifen sie die Meisen auf dem Weg vom oder zum Nest an, um sie zu vertreiben, manchmal versuchen sie sogar, in Windeseile ihr Nest auf dem der Meisen zu bauen. Letzteres ist für die Schnäpper allerdings nicht ungefährlich. Wenn sie im Kasten der Kohlmeise überrascht werden, kann es übel für sie ausgehen.

So fand der norwegische Biologe Tore Slagsvold in den siebziger Jahren einen getöteten Schnäpper neben einem Kohlmeisennest – »der Kopf zerstört«, lautete seine kurze und prägnante Beschreibung. Daneben fuhr das Kohlmeisenweibchen fort, Eier zu legen und zu brüten. Dies ereignete sich anlässlich eines Experiments, bei dem Slagsvold den Konkurrenzkampf um die Nistplätze zwischen Kohlmeisen und Trauerschnäppern künstlich zuspitzte, aber tote Trauerschnäpper sind auch an anderen Orten neben Kohlmeisennestern aufgetaucht. Slagsvolds Experiment ergab ansonsten, dass es den Kohlmeisen fast immer gelang, sich den Versuchen der Schnäpper zu widersetzen, ihre Behausung zu übernehmen.

Aber die Schnäpper sind in mehrfacher Hinsicht aufdringlich. Wenn sie, aus Westafrika kommend, eintreffen, haben sie wenig Zeit, einen Nistplatz zu finden, und einen schlechten Überblick über die vor Ort herrschenden Verhältnisse. Die ortsansässigen Meisen kennen die Gegend dagegen in und auswendig. Deshalb spionieren die Schnäpper den Meisen hinterher und ahmen sie nach, vor allem, wenn sie sehen, dass die Familienetablierung der Meisen offensichtlich erfolgreich ist.

Finnische Forscher haben gezeigt, wie die Schnäpper die Ortskenntnisse der Meisen ausnutzen. So gelang es Jukka T. Forsman und Janne-Tuomas Seppänen, die Schnäpper in Nordfinnland und auf Gotland so zu beeinflussen, dass sie Nistkästen mit einem Symbol darauf bevorzugten, weil sie es den Meisen gleichtun wollten. Forsman und Seppänen zeichneten die Symbole auf die Nistkästen, als die Meisen sie bereits bezogen hatten, die Schnäpper aber noch nicht eingetroffen waren. Wenn sie ein weißes Dreieck um die Höhle zeichneten, in die Meisen eingezogen waren, schauten sich die Schnäpper nach freien, mit einem weißen Dreieck gekennzeichneten Nistkästen um. Wenn sie stattdessen einen weißen Kreis auf die Höhlen der Meisen malten, bevorzugten die Schnäpper Kästen mit Kreis.

Neueingetroffene Schnäpper statten den Nistkästen der Meisen gern einen Besuch ab, wenn keiner daheim ist, obwohl es, wie gesagt, lebensgefährlich für sie werden kann. Die Informationen, die sie so erhalten, müssen also wertvoll sein. Eine Angabe, die sie interessiert, ist die Zahl der Eier. Bei den Experimenten der finnischen Forscher stellte sich heraus, dass die Schnäpper nur Meisen nachahmten, die viele Eier legten, woraus sich ablesen ließ, dass diese gut zurechtkamen. Wenn die nächsten Meisennachbarn wenige Eier legten – weil dem Weibchen vielleicht die Kraft für mehr fehlte –, bevorzugten die Schnäpper Kästen mit einem anderen Symbol und ignorierten das von den erfolglosen Meisen gewählte.

Später hängten die Finnen falsche Kohlmeisennester mit Plastikeiern auf, um die Schnäpper zu täuschen. In einige der falschen Nester legten sie dreizehn Kohlmeiseneier, in andere nur vier. Es stellte sich heraus, dass die Schnäpper mehr Eier legten (im Schnitt ein halbes Ei), wenn sie sahen, dass die Kohlmeisennachbarn viele Eier legten. Außerdem war das Durchschnittsgewicht der Schnäppereier überall dort höher, wo die Kohlmeisen mit aller Kraft zu arbeiten schienen, wahrscheinlich ein Zeichen dafür, dass die Schnäpperweibchen auch mehr Energie in jedes einzelne Ei investierten.

Meisen und Schnäpper justieren nämlich die Zahl ihrer Eier und wie viel Nahrung jedem Jungen zugeführt wird nach den Aussichten für die jährliche Brutzeit. Die Weibchen achten dabei sorgfältig auf alle möglichen Dinge, vom örtlichen Nahrungsangebot bis zur Gefahr von Eierräubern, bevor sie entscheiden, wie lange sie Eier legen. Die Entscheidung der Schnäpper wird dann wiederum von den Informationen beeinflusst, die sie aus der Beobachtung der Meisen beziehen.

Die Meisen setzen allerdings eine Gegenmaßnahme gegen die Schnüffelei der Schnäpper ein. Bevor sie das Nest verlassen, decken Kohlmeisenweibchen ihre Eier nämlich mit einer Art Tuch zu. Dazu benutzen sie vor allem Haare aus Säugetierfellen, also das Material, mit dem sie auch die Innenseite des Nests auskleiden. Das Tuch dient sicherlich auch dazu, eine gleichmäßige Temperatur in den Eiern zu gewährleisten, aber wenn die finnischen Wissenschaftler in der Nähe des Kohlmeisennests Schnäppergesang abspielten, waren die Weibchen wesentlich eifriger darauf bedacht, Fellhaare zu organisieren und ihre Eier abzudecken. Die Forscher erklären, dass es für die Kohlmeise ein großer Nachteil ist, Schnäpper als Nachbarn zu haben, dass sie aktiv ihre Eier verbergen, um Informationen zurückzuhalten, die für die Schnäpper nützlich sein könnten.

Das Weibchen unterzieht übrigens auch seinen Partner einer Prüfung, bevor es entscheidet, wie viel der kostbaren Nahrung es für die Jungen einsetzen möchte, und wie viel es für sich behält, um die eigene Zukunft zu sichern. Die spanischen Blaumeisenweibchen legen wie erwähnt mehr Eier, wenn der Partner ihnen seine Fähigkeiten demonstriert, indem er das Nest mit Federn schmückt. Blaumeisenweibchen, die besonders farbintensive Partner haben, legen Eier mit gelberen Dottern – die Farbstoffe, Carotine, sind auch als Antioxidationsmittel nützlich. Ist das Blaumeisenmännchen farbintensiver, fügt das Weibchen den Eiern außerdem mehr von dem Hormon Testosteron zu, das die Entwicklung der Embryonen beeinflusst.

Da die Kohlmeise in unserem Garten sich in einem traditionellen Nistkasten ohne Kamera oder Einblick niedergelassen hat, ist es schwer zu sagen, wann das Weibchen beginnt, Eier zu legen. Hätten wir Blaumeisen im Garten gehabt, hätten wir es wahrscheinlich daran erkannt, dass das Männchen nicht mehr singt. Manche belgischen Blaumeisen singen zwar offenbar weiter, um ein zweites Weibchen anzulocken, aber bei den norwegischen Blaumeisen haben die Biologen festgestellt, dass der Gesang des Männchens fast ganz zum Erliegen kommt, sobald das Weibchen die ersten Eier gelegt hat. Kohlmeisenmännchen machen dagegen weiter wie zuvor, was daran liegen könnte, dass Kohlmeisen manchmal versuchen, eine Zweitbrut aufzuziehen, sobald die Aufzucht der ersten abgeschlossen ist. Deshalb mag es für sie wichtiger sein, ihr Revier den ganzen Sommer über zu behaupten. Vielleicht singt das Kohlmeisenmännchen auch, um das Weibchen zu bewegen, offen für die Möglichkeit einer Zweitbrut zu bleiben.

Sind die Eier gelegt, beginnt das Weibchen zu brüten. Ohne seine Körperwärme können sich die Eier nicht entwickeln. Während sie die Eier legt, bekommt die Meisenmutter einen sogenannten Brutfleck – einen federlosen Bereich am Vorderbauch, an dem die Haut besonders warm ist, weil sie extrem gut durchblutet wird. In der Regel wartet sie, bis alle Eier gelegt sind, erst dann brütet sie ernsthaft. Anfangs wärmt sie die Eier nur etwa eine halbe Stunde, wenn sie sich im Nest ausruht, ansonsten versucht sie zu verhindern, dass die Eier nachts am Brutfleck anliegen. Danach geht sie dazu über, die ganze Nacht zu brüten, und schließlich, nach zwei Tagen, brütet sie auch tagsüber. Die Eier benötigen zwei Wochen, in denen sie praktisch rund um die Uhr bebrütet werden. In dieser Zeit macht das Weibchen ungefähr drei Stunden täglich Pause vom Brüten, was für einen wildlebenden Vogel eine sehr kurze Zeitspanne ist, um genügend Futter zu finden, so dass die Fütterung durch das Männchen auch während des Brütens wichtig bleibt. Schon jetzt pendelt es emsig zwischen den Jagdgründen und dem Nistkasten. Morgens kommt es im Abstand weniger Minuten mit Futter für das Weibchen, im weiteren Tagesverlauf geschieht dies jedoch seltener.

Wenn die Eier spät gelegt werden, brütet die Mutter manchmal auch schon, bevor alle Eier gelegt sind. Die Jungen schlüpfen dann zu unterschiedlichen Zeitpunkten. Das kann die Chancen der Erstgeborenen verbessern, ist aber von Nachteil für die letzten Jungen, die ihren Geschwistern hinterherhinken.

In den Eiern durchläuft der Vogelembryo eine Entwicklung, die trotz einer seit 300 Millionen Jahren getrennt verlaufenden Geschichte unserer eigenen in manchem gleicht. Unabhängig davon, ob es um ein keimendes Vogel- oder Menschenleben geht, erkennt man immer noch die Spuren unserer gemeinsamen Fischeltern und, noch weiter zurückreichend, der gegliederten Vorgänger der Wirbeltiere. In einem frühen Stadium der embryonalen Entwicklung, bevor wir Rückgrat oder Skelett bekommen, ähneln wir einem länglichen Rohr. Auf der Innenseite dieses Rohrs befinden sich die Zellen, die später die Haut mit Haaren oder Federn sowie das Nervensystem bilden werden. Zwischen der äußeren und inneren Zellschicht gibt es eine dritte Schicht von Zellen, die zu Muskeln und Skelett werden. Nahe dem Ende des Rohrs, also dem Bereich, aus dem der Kopf hervorgehen wird, entstehen frühzeitig kleine Schwellungen, die den Kiemenbögen der Fische entsprechen. Viele anatomische Details am Kopf, von den Ohrknöcheln bis zu Nerven und Adern, können zu einem dieser Bögen zurückverfolgt werden. Und wenn die Glieder wachsen, ob es nun Flügel, Hände oder Füße sind, entsprechen die verschiedenen Knochen jeweils einem von denen, die sich in den Flossenfüßen der Fische befanden, die einst an Land krochen und so zu den ersten Landwirbeltieren wurden.

Nachdem die Jungen die Eischale durchbrochen haben, benötigen sie in den ersten Tagen weiterhin die Körperwärme der Mutter. Deshalb muss der Vater den größten Teil der Nahrung heranschaffen. Sobald die Jungen in der Lage sind, ihre Körpertemperatur selbst zu regulieren, nutzt die Mutter ihre neugewonnene Freiheit, um sich mit aller Kraft am Pendelverkehr zu beteiligen.

Sollte es Unbefugten gelingen, in den Nistkasten einzudringen, während das Kohlmeisenweibchen auf dem Nest liegt, reagiert es oft mit einem kräftigen Fauchen und einer speziellen Darbietung, bei der es mit den Flügeln schlägt und die Schwanzfedern wie einen Fächer spreizt, schreibt Andrew Gosler. Seiner Auffassung nach soll das Fauchen den Eierräubern möglicherweise suggerieren, sie wären im Inneren des dunklen Raums auf eine Schlange oder einen anderen gefährlichen Widersacher gestoßen.

Eltern im Pendelverkehr

In der zweiten Maiwoche kehren beide Kohlmeisen immer wieder mit Kleingetier im Schnabel zu ihrem Nistkasten in der Kiefer zurück, was nur bedeuten kann, dass die Jungen geschlüpft sind. Morgens ist es immer noch kühl, aber tagsüber wärmt die Sonne bereits angenehm. Die hellgrüne Jahreszeit hat begonnen. Das Laub und die sprießenden Pflanzen auf dem Erdboden sind Nahrung für Millionen nagender Insektenlarven, mit deren Hilfe die Vogeljungen aufgezogen werden. Außer den Meisen sind rund um das Haus und in unserem Garten immer mehr Sommergäste zu sehen und zu hören. Die Rotkehlchen, die auf dem Rasen und in den Blumenbeeten nach Larven und anderem Getier suchen, haben ihr Nest offenbar in einem dichten Gebüsch nahe dem Nistkasten der Meisen gebaut. Fitis und Gartengrasmücke jagen Insekten in unseren Fliederbüschen und die Mönchsgrasmücke, ein kleiner, graubrauner Knirps mit schwarzem Scheitel, singt in den Salweiden auf der anderen Straßenseite.

Am Vormittag des sechzehnten Mai sitze ich schreibend un

ter dem verblühten Kirschbaum. Unterhalb des Felsens leuchten gelbe Butterblumen und blaue Vergissmeinnicht. Farnblätter entrollen sich langsam. Das Heidelbeergestrüpp erblüht am Hang, die Apfelblüten öffnen sich allmählich und die violetten Knospen der Fliederdolden sind auch bald so weit. Die Luft ist voller kleiner, weißer Insekten und einer Art haarigem Samen, der im lauen Wind treibt.

Wieder einmal kommt das Kohlmeisenmännchen mit Futter. Es bleibt ein paar Sekunden im Nistkasten, ehe es wieder hinauskrabbelt und mit etwas Weißem im Schnabel davonfliegt. Der Kot der Jungen ist fertig verpackt in praktischen weißen Tüten, so dass die Meiseneltern oft Fracht in beide Richtungen transportieren.

Diesen Nachmittag verbringen wir alle draußen im Sonnenschein. Das Kohlmeisenmännchen fliegt unter den untersten Kirschbaumästen hindurch und muss anschließend jäh abdrehen, um nicht mit Petters Kopf zu kollidieren. Der federleichte Beinahunfall inspiriert den Siebenjährigen offenbar, denn wenig später testet er, wie nahe er dem Meisenpaar kommen darf, das im Fliederbusch sitzt. Das Männchen warnt seine Partnerin mit einem schnarrenden Laut, fliegt aber erst auf, als der Junge ihm schon sehr nah gekommen ist.

Am Sonntag, dem achtzehnten Mai, trete ich selbst in einen engen Kontakt zum Männchen. Es setzt sich auf ein meterhohes Fußballtor, das die Kinder nur einen Meter von der Stelle abgestellt haben, an der ich sitze. Die Meise legt den Kopf schief und schaut mich kurz an, ehe sie weiterfliegt. An diesem Nachmittag höre ich das Männchen bei dem herrlichen Wetter vom Dachfirst des Schuppens und vielen verschiedenen Sträuchern und Bäumen aus singen, aber ich mache mir Sorgen, weil der Nistkasten der Meisen nicht mehr angeflogen wird. Vom Weibchen ist auch nichts zu sehen.

Am Dienstagnachmittag ist mir endgültig klar, dass etwas nicht stimmt. Kein Vogel fliegt aus dem Nistkasten heraus oder zu ihm zurück. Ich schlendere zur Kiefer, aber aus seinem Inneren dringt kein Laut an mein Ohr. Kleine Meisenjunge piepsen oft laut, wenn sie hören, dass sich jemand nähert, ich weiß nicht, ob sie so um Hilfe rufen wollen oder glauben, die Eltern kämen mit Futter für sie. Hier herrscht jedoch eindeutig Stille. Am Einflugloch sirren ein paar Fliegen. Meisenjunge müssen viele Male täglich gefüttert werden, die Jungen sind also mit Sicherheit tot. Erst ein paar Tage später überwinde ich mich und öffne den Nistkasten. Im Nest liegen sechs vertrocknete Vogeljunge. Leute, die sich in diesen Dingen auskennen, haben mir später erklärt, vermutlich sei das Weibchen umgekommen. Es ist die wahrscheinlichste Erklärung dafür, dass eine ganze Brut so unvermittelt stirbt. Vielleicht wurde die Meise Opfer einer der vielen Katzen, die regelmäßig durch unseren Garten schleichen, oder des Sperbers, der ab und zu in der Nähe auftaucht. Während ein Weibchen, das Witwe wird, die Jungvögel allein aufzuziehen versucht, neigt das Männchen dazu, diese aufzugeben und stattdessen noch einmal von vorn zu beginnen.

Wenn ich es recht bedenke, war es vielleicht schon am Wochenende auf Freiersfüßen, noch ehe ich begriffen hatte, dass mit den Jungen etwas nicht stimmte. Es sang viel und mindestens einmal sah ich es in engem Kontakt zu einem Weibchen. Ob dies einer der letzten Augenblicke mit seiner alten Flamme oder schon eine neue Freundin war, ist schwer zu sagen.

Fast schon zu viele Vögel

Die Pendler an der Anlegestelle Nesoddtangen, an der äußersten Spitze der Halbinsel gelegen, stehen in zwei Gruppen zusammen. Die meisten wollen mit der großen, schweren Fähre nach Oslo, aber heute warte ich ausnahmsweise mit der kleineren Schar, die das Boot westwärts nach Lysaker in Bærum bringt. In dieser Richtung, quer über den Oslofjord und danach etwas landeinwärts, liegt Kolsåstoppen, die eigentümlichste Erhebung, die man von Nesodden aus sehen kann. Das seltsam geradlinige und jäh gekappte Profil des Bergs ist der Tatsache geschuldet, dass er mit harter erstarrter Lava bedeckt ist, die in mehreren Schichten auf weicheren, sedimentreichen Gesteinsarten liegt, die voller Fossile aus den Zeitaltern vor der Ära der Dinosaurier sind. In den Gehölzen an diesem Höhenzug liegt das Nistkastengebiet der Universität Oslo.

Für die Überfahrt benötigt die Fähre nur wenige Minuten. Von der Anlegestelle in Lysaker gehen eine verstreute Schar von Mitreisenden und ich über Holzbohlen am Lysakerfluss entlang, der die Grenze zwischen den Kommunen Bærum und Oslo markiert, zu dem Verkehrsknotenpunkt und den dortigen Bürogebäuden hinauf. Der Bus verlässt die Haltestelle zwischen Europastraße 18 und Bahnhof, schwenkt zwischen die Betonsäulen, auf denen die Gleise ruhen, und fährt zwischen Wohngebieten mit Einfamilienhäusern, mehrstöckigen Mietshäusern und Reihenhäusern und danach durch weite Felder und Wiesen in westliche Richtung, bis wir den Waldrand erreichen.

»Im Moment ist mächtig was los«, sagt Professor Tore Slagsvold, als ich ihn wie verabredet an seinem geparkten Wagen treffe. »Es sind fast schon zu viele Vögel!«

In den fünfhundert Nistkästen, die in den Gehölzen um uns herum und weit verstreut auf einem ziemlich großen Gebiet hängen, nisten in diesem Jahr ungefähr einhundertzwanzig Blau- und neunzig Kohlmeisenpaare. Es handelt sich größtenteils um Laubwald, deshalb sind die Blaumeisen in der Überzahl. Ein Teil der Kästen wird ansonsten von Trauerschnäppern, Kleibern oder Tannenmeisen bewohnt, der kleinsten norwegischen Meisenart. Viele stehen leer. Die Meisen nutzen sie gelegentlich zum Übernachten.

Im Laufe einiger kurzer Frühlingswochen werden Slagsvold und seine Studenten alle Vogeljungen kontrollieren, registrieren und beringen, nachdem sie geschlüpft sind, sowie eine lange Reihe sorgsam geplanter Versuche durchführen. Glücklicherweise sind die Tage lang. Ich persönlich würde sagen, dass noch Morgen ist, aber der Professor ist bereits seit vielen Stunden auf den Beinen.

~

In diesem Vorsommer seien die Meisen aus dem Rhythmus gekommen, erklärt Slagsvold auf dem Weg in den Wald. Es ist schubweise und mit Unterbrechungen Frühling geworden. Ein paar schöne warme Tage in der zweiten Aprilhälfte veranlassten viele Weibchen, schon früh Eier zu legen. Als es Anfang Mai dann wieder kälter wurde, schoben manche das Brüten auf. Aus vielen Kohl- und Blaumeiseneiern schlüpfen die Jungen erst jetzt, fast eine Woche nach dem norwegischen Nationalfeiertag am 17. Mai.

Die Kohlmeisenjungen im Kasten mit der Nummer 373 sind jedoch schon etwa zwei Wochen alt. Die Forscher zählten und wogen sie, kurz nachdem sie die Eischale durchbrochen hatten. Nun wird es Zeit, sie ein zweites Mal zu kontrollieren und mit einem Ring um den Fuß zu markieren.

Wie alle Nistkästen in diesem Wald hängt Nummer 373 niedrig, damit die Biologen problemlos an sie herankommen können. Es ist ein normaler viereckiger Nistkasten aus braunlackiertem Holz, dessen Einflugloch von einem Netz umgeben ist, um Angriffe von Buntspechten, Hermelinen, Katzen und anderen Feinden abzuwehren. Durch den guten Schutz der Nistkästen leben die Bewohner unter etwas anderen Umständen als ihre völlig wildlebenden Vorfahren, was ein Problem wäre, wenn es hier um die Erforschung der Todesursachen bei Vögeln während der Nistzeit ginge. Für die Fragen, die Slagsvold in erster Linie interessieren, spielt es dagegen keine Rolle.

Der Professor hebt den Deckel eines Kastens ab und zeigt mir das Kohlmeisenweibchen, das schützend auf den Jungen liegt und uns anschaut.

»Die müssen wir abheben«, erklärt Slagsvold. »Sie will nicht rauskommen.«

Der Meisenvater warnt schnarrend auf einem benachbarten Birkenast.

Slagsvold schiebt seine Hand an der Innenseite des Nistkastens hinab und drängt die Meise behutsam, vom Nest aufzufliegen. »Nun komm schon«, sagt er und im nächsten Moment fliegt sie davon.

Das widerspenstige Weibchen ist eine Meise, die von den Ornithologen als lokale Rekrutin bezeichnet wird, weil sie in diesem Nistkastengebiet aufgewachsen ist, so dass zu ihr schon Daten gesammelt wurden, noch bevor sie aus dem Ei schlüpfte. Die Forscher kennen ihren Stammbaum, und können, wenn nötig, in ihren Protokollen blättern und Informationen über die Eltern einholen. Ihr älterer Partner, der weiter warnt, ist hingegen in das Nistkastengebiet eingewandert, lebt aber bereits mehrere Jahre dort und ist ebenfalls beringt worden.

Die vier Jungvögel im Nistkasten sind schon gefiedert. Vier

zehn Tage ist es her, dass sie die Schale ihrer Eier durchbrachen. Slagsvold zeigt den beiden Masterstudenten, die ihm bei der Feldarbeit helfen, wie man die Jungen in eine weiße Stofftasche bugsiert.

»Ihr müsst es so machen, dass sie nicht herausspringen können«, erläutert er. »Die kleinen halten nicht viel aus. Es ist wie bei einem Baby, man muss sie ganz behutsam halten.«

In diesem Nest sind die Jungen ruhig und scheinen wenig Lust zu verspüren zu fliehen, wenn sie erschreckt werden. Sobald die vier Knirpse sicher in der verknoteten Baumwolltasche sitzen, ziehen wir uns zurück, damit die Jungen nicht übermäßig von ihren aufgeregten Eltern beeinflusst werden. Beide schnarren ausdauernd aus Bäumen in der Nähe.

»Sucht euch einen Platz, an dem ihr gut sitzt«, fordert der Professor seine Studenten auf. Er geht mit gutem Beispiel voran, breitet ein blaues Sitzkissen aus Schaumgummi aus, setzt sich und legt die Ausrüstung und den Registrierbogen bereit. Drei der Jungen bekommen im Voraus die Ringnummern 105, 106 und 107 zugeteilt, damit sie jederzeit identifiziert werden können, wenn sie später wieder eingefangen werden. Slagsvold bezweifelt, ob es sinnvoll ist, auch den vierten Jungvogel zu beringen, da er ein wenig kränklich wirkt und es fraglich erscheint, ob er durchkommen wird. Wahrscheinlich ist er ein paar Tage später geschlüpft als die anderen.

Slagsvold nimmt Rekrut 105 und demonstriert den Griff, den er anwendet, wenn er mit einer Spezialzange den Metallring am Bein festklemmt. Der Kopf wird zwischen Mittel- und Zeigefinger gehalten, das Bein zwischen Daumen und Zeigefinger, was tatsächlich ein bisschen an die Griffe erinnert, mit denen man Säuglinge hält, zugleich zärtlich und fest. Slagsvold schmunzelt, während er mit der Zange um das dünne Vogelbein zudrückt. Es ist natürlich wichtig, das Bein nicht einzuklemmen, aber er muss auch sicher sein, dass der Ring vollständig geschlossen ist, damit er nicht an Zweigen und anderen Hindernissen hängenbleibt.

Als der Metallring angebracht ist, befestigt der Professor einen Plastikring an jedem Bein, einen hellblauen und einen gelben. Die diesjährigen Rekruten erkennt man an dem hellblauen Ring. Ein gelber Ring verrät, dass die Jungen aus einem Kohlmeisennest stammen. Wer überlebt und in diesem Gebiet bleibt, soll das nächste Mal im Herbst eingefangen werden. Dann erhalten die Vögel neue Plastikringe mit einer einmaligen, individuellen Farbkombination, so dass man sie anschließend mit dem Fernglas auch aus größerer Distanz erkennen kann. So müssen die Forscher die Vögel nicht mehr einfangen, um sie zu identifizieren.

Nach der Beringung werden die Jungen gewogen. Das Vögelchen wird dazu in eine Tüte gesteckt, die mit einem Haken an die Waage gehängt wird. Sie zeigt 15,5 Gramm an.

»Zum Überleben reicht es, aber ein Spitzengewicht ist es nicht«, kommentiert Slagsvold.

Dann wird der erste Jungvogel wieder in die andere Stofftüte bugsiert. Der nächste wiegt 15,2 Gramm, womit der Professor erneut ein wenig unzufrieden ist.

Er greift nach dem dritten Jungvogel.

»Hier haben wir ein richtiges Prachtexemplar!«

17,6 Gramm zeigt die Waage an.

»Ich habe gleich gespürt, dass wir hier einen fetten Brummer haben«, sagt Slagsvold. »Dieser Jungvogel hat gute Chancen. Vielleicht ist es aber auch ein Männchen und die beiden anderen sind Weibchen. Die Männchen wiegen etwas mehr.«

Der vierte Jungvogel, das Nesthäkchen, überrascht positiv mit 11,2 Gramm. Slagsvold erahnt ein bisschen Fett in der Brustgrube, als er vorsichtig pustet, so dass die Daunen ein wenig zur Seite geweht werden. Er meint, die junge Meise könne es eventuell schaffen. Sie bekommt ihre Ringe.

Mit den Jungen in der Stofftasche kehren wir zum Nistkasten zurück. Die Kohlmeiseneltern sind immer noch erregt, aber Slagsvold versichert uns, dass sie ihre Fürsorge für die Jungen wiederaufnehmen werden, sobald wir uns entfernt haben. Unter Aufsicht ihres Lehrers legen die Studenten die Jungen zurück. Sie achten darauf, dass die Jungen ruhig in der Nestgrube liegen, ehe der Deckel aufgelegt wird. Draußen warten so viele Gefahren auf sie, dass die Meisenjungen das Nest möglichst nicht verlassen sollten, bevor sie wirklich flügge sind. Wenn die Jungen nach der Prozedur unruhig wirken, besteht der Trick darin, sie mit etwas Nestmaterial zu bedecken. Dann fühlen sie sich sicher und beruhigen sich.

~

Meisen reagieren ganz unterschiedlich auf furchteinflößende und ungewohnte Situationen, zum Beispiel, wenn Menschen ihr Nest untersuchen. Manche Meiseneltern verschwinden, bis die Gefahr vorüber ist. Andere kommen den Eindringlingen ganz nah und warnen hitzig. Tore Slagsvold und seine Studenten benutzen eine etwas überraschende Bezeichnung, wenn sie über solche individuellen Variationen sprechen. Sie sagen, die Vögel hätten unterschiedliche Persönlichkeiten. Das ist eigentlich ein Wort, das man eher vom Halter eines Haustiers erwartet, aber die Forscher benutzen es als Fachbegriff. Persönlichkeiten bei Meisen und anderen Tieren sind derzeit ein beliebtes Forschungsgebiet.

Wenn Psychologen und Verhaltensforscher von Persönlichkeit sprechen, meinen sie feste Neigungen im Verhalten eines Individuums, die von Situation zu Situation konstant bleiben. So unterscheiden die Psychologen bei Menschen extrovertierte und introvertierte Persönlichkeiten. Die Wissenschaftler, die das Verhalten von Tieren studieren, haben sich besonders mit dem Persönlichkeitsmerkmal Wagemut beschäftigt. Manche Individuen sind wagemutig und kühn, wenn sie etwas Unbekanntem begegnen. Andere sind eher zurückhaltend und vorsichtig. Dieses Persönlichkeitsmerkmal ist bis zu einem gewissen Grad erblich, wie Experimente an Kohlmeisen gezeigt haben, die in den Niederlanden durchgeführt wurden. Doch auch die Art des Aufwachsens spielt eine Rolle.

Während Psychologen die Persönlichkeit von Menschen

meist mit Hilfe von Fragebögen testen, muss man beim Studium von Tieren zu anderen Methoden greifen. In einem der Experimente, das Hunderte von Kohlmeisen durchlaufen haben, benutzten die niederländischen Forscher ausgerechnet eine acht Zentimeter große Spielfigur des rosaroten Panthers aus den Zeichentrickfilmen, die aus weichem Plastik mit einem formbaren Skelett aus Stahldraht bestand. Der springende Punkt ist, dass es sich um einen ungewohnten Gegenstand handelt, den der Vogel nie zuvor gesehen hat. Die Kohlmeisen, die den Rosaroter-Panther-Test durchlaufen, leben in Labors, jede in ihrem eigenen Käfig. Eines Tages setzen die Forscher das rosa Plastikspielzeug zu ihnen hinein und halten fest, wie viele Sekunden vergehen, bis die Meise es wagt, sich ihm zu nähern, und wie nah sich der Vogel innerhalb von zwei Minuten an den rosaroten Panther heranwagt.

Vor diesem Panther-Test haben dieselben Vögel zwei andere Tests durchlaufen: Wie schnell sie sich einem anderen unbekannten Gegenstand in ihrem eigenen Käfig nähern, genauer gesagt einer kleinen Taschenlampenbatterie, und wie schnell sie einen größeren Raum erkunden, in dem sie nie zuvor gewesen sind.

Vögel, die rasch und unbedacht neue Gegenstände und Umgebungen untersuchen, werden als Exemplare mit wagemutiger oder neugieriger Persönlichkeit betrachtet, oder als »schnelle Erforscher«, wenn man eine Bezeichnung vorzieht, die nicht ganz so menschlich klingt. Es zeigt sich jedenfalls, dass die wagemutigen Vögel, die schnell auf den rosaroten Panther oder die Batterie einpicken, häufig auch diejenigen sind, die rasch einen unbekannten Raum erforschen.

Wenn eine Meise in einen Konflikt mit einem Vogel desselben Geschlechts gerät, gehen die wagemutigen Individuen schneller zum Angriff über. Die wagemutigen Exemplare nähern sich zudem am zügigsten, wenn sie neuen Vögeln des anderen Geschlechts begegnen. Die vorsichtigen Vögel weisen dagegen eine größere Fähigkeit auf, ihr Verhalten entsprechend der Erfahrungen, die sie machen, anzupassen.

Die Experimente, die dies alles enthüllt haben, müssen unter kontrollierten Bedingungen im Labor durchgeführt werden. In Norwegen hält niemand Meisen gefangen, aber Tore Slagsvold und Wissenschaftler an anderen Orten arbeiten daran, Indikatoren für Wagemut und verwandte Persönlichkeitsmerkmale zu entwickeln, die sich auch bei der Feldforschung an freilebenden Meisen nutzen lassen. So konnte etwa nachgewiesen werden, dass ausgewachsene Vögel mit wagemutiger Persönlichkeit schnell atmen, wenn sie von Menschen gehalten werden.

~

Die große Frage zum Thema Persönlichkeiten bei Tieren lautet, woran liegt es, dass Individuen derselben Art so unterschiedliche Reaktionsmuster aufweisen. Selbst unter Tieren, die aus demselben Bestand stammen und unter den gleichen Bedingungen leben, existieren diese Unterschiede. Es muss einen guten Grund dafür geben, dass es so ist, denn ähnliche Persönlichkeitsvarianten sind bei sehr vielen Arten nachgewiesen worden, bei Mensch und Vieh genauso wie bei Fischen und Vögeln. Die Studien zu Kohlmeisen gehörten zu den ersten, die verdeutlichten, dass die Persönlichkeitsmerkmale der Tiere vererbt werden.

Ein Erklärungsansatz für die Persönlichkeitsvarianten könnte besagen: Wenn alle das Gleiche tun, lohnt es sich häufig, sich abzusetzen. In einem Konflikt könnte ungewöhnliches Verhalten den Gegner überraschen und in die Flucht schlagen. In der Konkurrenz um Nahrung findet der Abweichler möglicherweise Futter, das den übrigen Vögeln entgeht, weil der Abweichler auf eine andere Art sucht. Wenn es sich lohnt, eine andere Strategie zu verfolgen als alle anderen, könnten Individuen mit abweichender Persönlichkeit im Vorteil sein. Wenn das zutrifft, kann die natürliche Selektion die Variante in den Persönlichkeitsmerkmalen aufrechterhalten.

Eine andere mögliche Erklärung lautet, dass sich für verschiedene Individuen Unterschiedliches lohnt, weil sie unterschiedliche

Zukunftsaussichten haben. Meisen, deren Chancen für ein langes Überleben schlecht stehen, sollten alles daran setzen, sich genügend Nahrung und ein Revier zu sichern, um möglichst schnell Nachwuchs zu zeugen. Sie haben wenig zu verlieren und sollten wagemutig sein. Wer dagegen Aussichten auf ein langes Leben hat, wird mehrere Chancen zur Fortpflanzung bekommen. Diese Vögel haben viel zu verlieren und sollten deshalb vorsichtiger sein. Vielleicht sind wagemutige Persönlichkeiten mit anderen Eigenschaften ausgestattet, die dazu führen, dass man aus irgendeinem Grund wenig zu verlieren hat. Vielleicht ist es aber auch umgekehrt, vielleicht ist der Wagemut ein Zeichen von Stärke: Die stärksten Individuen könnten darauf setzen, den Kampf um Nahrung, Revier und Partner mit Hilfe ruppigen Benehmens und Überlegenheit zu gewinnen. Dann ist eine ungestüme, wagemutige Persönlichkeit ideal. Körperlich unterlegene Individuen müssen stattdessen List und Vorsicht walten lassen. Dazu passt eher eine zurückhaltendere, vorsichtige Persönlichkeit. Es gibt Versuche, die zeigen, dass Meisen mit vorsichtiger Persönlichkeit eher befähigt sind, diffizile Aufgaben zu lösen, um an Nahrung zu gelangen.

Vorläufig unklar bleibt, für welche Erklärungsansätze am meisten spricht oder ob es womöglich noch eine ganz andere Erklärung für das Phänomen gibt. Im Grunde ist es seltsam, dass feste und zum Teil angeborene Persönlichkeitsmerkmale eher zum Erfolg führen sollen als ein Verhalten, das je nach Situation möglichst flexibel angepasst wird. Vielleicht liegt es ja daran, dass die Persönlichkeit mehr ist als ein Katalog von Verhaltensregeln, vielleicht sitzt sie im ganzen Körper, weil die verschiedenen Reaktionsmuster mit einem schnellen oder langsamen Stoffwechsel zusammenhängen, mit Unterschieden im Hormon- oder Nervensystem und so weiter. Solche physiologischen Eigenschaften lassen sich auf die Schnelle nicht so leicht verändern.

Biologen denken immer an Sex und so haben sie natürlich auch untersucht, welche Bedeutung die Persönlichkeit der Meisen bei der Frage hat, mit wem sie sich paaren. Diese Studien werden an freilebenden Meisen durchgeführt, die für schnelle Persönlichkeitstest im Labor eingefangen werden, ehe sie wieder ausfliegen und ihr Glück versuchen dürfen. In den Niederlanden fanden die Forscher heraus, dass die meisten Jungen mit einem fremden Vater in Nistkästen anzutreffen waren, in denen die sozialen Partner die gleiche Persönlichkeit hatten – also beide ausgesprochen vorsichtig oder beide ausgesprochen wagemutig waren. Die Autoren der Studie sind nicht sicher, ob es daran liegt, dass das Weibchen aktiv Männchen mit einer anderen Persönlichkeit aufsucht, als es selbst und der Partner besitzen, um sich Variationen in den Genen der Jungen zu sichern. Denkbar ist nämlich auch, dass sich mehr Chancen zu einem Seitensprung ergeben, wenn die Partner eine ähnliche Persönlichkeit haben. In Wytham Woods nahe Oxford registrierten die Wissenschaftler, wenig überraschend, dass wagemutige Männchen häufiger Vater von Jungen in anderen Nestern wurden als vorsichtige Männchen. Die Gesamtzahl der Nachkommen glich sich zwischen den wagemutigen und den vorsichtigen Vögeln jedoch wieder aus. Die kühnen Männchen waren daheim nämlich mit besonders vielen Jungen konfrontiert, die von anderen Vätern stammten. Das kommt davon, wenn man ständig unterwegs ist und in der Gegend herumfliegt.

~

Der Wald am Berg Kolsåstoppen ist stark von Waldwirtschaft geprägt, was sich für Vogelarten, die alte oder abgestorbene Bäume benötigen, verheerend auswirkt. So ist der seltene Weißrückenspecht aus der Gegend verschwunden. Für die Forschungen zum Verhalten von Meisen und Fliegenschnäppern ist die Verjüngung des Waldes dagegen von Vorteil. In jungen Bäumen gibt es nur selten natürliche Nisthöhlen. Fast alle höhlenbrütenden Vögel entscheiden sich deshalb für einen der Kästen, die von den Biologen aufgehängt wurden. So fällt es leichter, die Vögel im Auge zu behalten als in einer älteren Waldlandschaft wie Wytham Wood, in der sich viele Meisen in natürlichen Spalten und Höhlen verbergen.

Tore Slagsvold bewegt sich in einem raschen Trab durch den Wald. Der Professor studiert die Bewohner der Nistkästen seit 1968, schöpft also aus einem reichen Fundus an Erfahrungen. Das tut er beim Gehen. Die Studenten hat er auf verschiedenen Routen durch den Wald geschickt. Slagsvolds eigene Inspektionsrunde, bei der ich ihn begleiten darf, führt ihn mit Vorliebe zu Nistkästen, in denen Außergewöhnliches geschieht.

Er hebt den Deckel eines weiteren Nistkastens ab und fragt, ob ich ein Foto von den Bewohnern machen möchte. Als ich mich vorbeuge und das Smartphone über die Öffnung halte, schießt eine Blaumeise aus dem Nest hoch. Sie streicht so nah an meinem Gesicht vorbei, dass ich die Augen zukneife, und gibt einen piependen Warnlaut von sich, den ich nie zuvor gehört habe.

»In das Nest habe ich Kohlmeiseneier gelegt«, erläutert Slagsvold.

Ahnungslos ist das Blaumeisenpaar zu Pflegeeltern von fünf Kohlmeiseneiern geworden. Seit fast zwanzig Jahren führen Slagsvold und seine Kollegen in diesem Wald Versuche zu einem Phänom durch, das sie Fremdpflege nennen. Indem sie die Jungen bei einer anderen Art aufwachsen lassen, untersuchen sie, wie die Umgebung und das Lernen in der frühen Lebensphase das Verhalten der Meisen prägen.

Die ursprüngliche Frage lautete: Warum verhalten sich eigentlich nicht mehr Arten wie der Kuckuck? Der flinke, langflügelige Kuckuck, den die meisten nur an seinem Ruf erkennen, legt seine Eier in die Nester von Vögeln anderer Arten wie Wiesenpieper oder Gartenrotschwanz. Wenn die Pflegeeltern nichts Böses ahnen, kümmern sie sich um Brut, Fütterung und Aufzucht, und der junge Kuckuck genießt eine erstklassige Behandlung, da er als Erster aus dem Ei schlüpft und schneller wächst als seine Geschwister. In Norwegen ist der Kuckuck der einzige Vogel, der sich ausschließlich auf diese Art vermehrt. Anderen die Fürsorge für die eigenen Nachkommen zu überlassen kann offenbar äußerst erfolgversprechend sein, denn ein Kuckucksweibchen legt in einer

Brutzeit bis zu zwanzig Eier in ebenso viele Nester. Es muss also gewichtige Gründe dafür geben, dass nicht mehr Arten diese Strategie wählen.

Um solchen Gründen auf die Spur zu kommen, platzierte Slagsvold Eier von Kohlmeisen in Blaumeisennestern. Daraufhin stellte sich heraus, dass die Kohlmeisenjungen reibungslos aufwuchsen. Probleme gab es erst, als die fremdgepflegten Kohlmeisen ausgewachsen waren. Sie verhielten sich nämlich wie Blaumeisen und versuchten, als Partner eine Blaumeise für sich zu gewinnen. Blaumeisen des eigenen Geschlechts behandelten sie wie Rivalen. Wenig überraschend, fiel es ihnen auf die Art schwer, jemanden zu finden, der mit ihnen zusammenleben wollte, und sie blieben zumeist kinderlos. Die größten Schwierigkeiten hatten Kohlmeisenjunge, die mit einer Geschwisterschar von Blaumeisen aufgewachsen waren. Etwas besser lief es bei Kohlmeisen, deren Geschwister ausnahmslos Kohlmeisen waren, selbst wenn die Pflegeltern einer anderen Art angehörten.

Die Forscher zogen daraus den Schluss, dass ein Kohlmeisenweibchen, das seine Eier in das Nest von Blaumeisen legt, nicht mit einem dauerhaften Erfolg rechnen kann. Den Jungen, die dort aufwachsen, gelingt es nicht, sich fortzupflanzen, da sie sich für Blaumeisen halten oder zumindest im Unklaren darüber sind, wie man Vögel der eigenen Art erkennt. Damit es der Kohlmeise gelingen könnte, die fürsorglichen Instinkte der Blaumeise effektiv auszunutzen, müsste sie wie der Kuckuck in der Lage sein, zwischen zwei Typen von Anziehung zu unterscheiden. Das Kuckucksweibchen lernt, wo es später seine Eier legen wird, indem es seine Pflegeltern während der Aufzucht beobachtet. Die Anziehungskraft des männlichen Kuckucksrufs und seines Aussehens muss dagegen größtenteils angeboren sein, damit es sich dennoch mit einem Vogel der eigenen Art paart. Es muss also einiges zusammenkommen, damit die natürliche Selektion einen Vogel zufällig auf einen Kurs bringt, der sowohl ein geglücktes Ablegen der Eier bei Fremden sichert, als auch die richtigen sexuellen Vorlieben beibehält.

Das könnte erklären, warum sich die Strategie des Kuckucks bei Vögeln auf der ganzen Welt nur ganz selten entwickelt hat.

Slagsvold und seine Kollegen fanden schnell heraus, dass die gleiche Forschungsmethode – Fremdpflege – genutzt werden kann, um noch andere interessante Fragen zu beantworten. Bereits bei frühen Versuchen mit Kohlmeisen, die bei Blaumeisen aufwuchsen, registrierten sie, dass der schnarrende Laut, den Kohlmeisen aus diesen Familien von sich gaben, um vor Gefahr zu warnen, ungewöhnlich klang, denn das Schnarren war schneller und langanhaltender. Es ähnelte dem typischen Warnruf der Blaumeise. Im Laufe der Zeit entdeckten sie, dass auch der Gesang der Meisenmännchen beeinflusst wird. Rund die Hälfte der Kohlmeisenmännchen, die bei Blaumeisen aufgewachsen sind, haben den typischen Blaumeisentriller in ihrem Gesangsrepertoire. Es ist der charakteristischste Blaumeisengesang und jemand, der sich für Vögel interessiert und vorbeikommt, ohne etwas über die Versuche in diesem Wald zu wissen, wird mit Sicherheit glauben, dass eine Blaumeise singt. Keine der hier normal aufgewachsenen Kohlmeisen singt mit Blaumeisentriller.

Doch selbst wenn die Kohlmeisen bei Blaumeisen aufgewachsen sind, stellen sie sich nicht vollständig auf Blaumeisengesang um, die Kohlmeisen müssen also auch eine angeborene Veranlagung haben, die ihnen eine Ahnung davon vermittelt, welchem Gesang sie lauschen und welchen sie nachahmen sollen, was im Übrigen gut zu den Ergebnissen aus Laborversuchen mit anderen Sperlingsvögeln wie Kanarienvögeln und Zebrafinken passt. Im Labor haben die Biologen die Bedingungen, unter denen die Experimente durchgeführt werden, besser unter Kontrolle. Der Vorteil der Feldforschungen von Slagsvold und seinen Mitstreitern liegt darin, dass die Vögel unter natürlicheren Bedingungen aufwachsen – so haben die jungen fremdgepflegten Kohlmeisen wie die anderen Kohlmeisen im Wald reichlich Gelegenheit, sowohl Kohl- als auch Blaumeisen zu begegnen und dem Gesang beider Arten zu lauschen.

~

Wir kommen zu einem Nistkasten, in dem die Kohlmeiseneltern nicht daheim sind. Slagsvold tastet die Eier ab und stellt zufrieden fest, dass die Blaumeiseneier, die er bei den Kohlmeisen platziert hat, warm sind. Die Mutter brütet also, wie es sein soll.

»Aus dem da wird kein Vogel schlüpfen, aus dem da auch nicht«, sagt Slagsvold und zeigt auf zwei Eier, die eine Nuance gelber und glänzender sind als die anderen.

Die restlichen Eier sind mattweiß, wie sie sein sollen, mit denselben rötlichen Flecken wie die Eier der Kohlmeisen sie aufweisen. Blaumeiseneier sind etwas kleiner und in diesem Nest liegen sehr viele von ihnen. Die Kohlmeisen sind in der Lage, die großen Gelege der Blaumeise zu übernehmen, weil kein Blaumeisenjunges so viel frisst wie eine junge Kohlmeise. Wenn Slagsvold Kohlmeiseneier zu Blaumeiseneiern verfrachtet, begrenzt er die Anzahl dagegen, damit die Blaumeisen angesichts der großgewachsenen Pflegejungen der Arbeitsbelastung noch gewachsen sind.

Slagsvold reicht mir eines der verdorbenen Blaumeiseneier – es ist durchsichtig, glänzt, als bestünde die Schale aus durchnässtem Wachspapier und wirkt noch zerbrechlicher als gewöhnliche Vogeleier. Ich mustere es, dann legt Slagsvold das Ei vorsichtig in das Kohlmeisennest zurück, obwohl kein Leben darin ist.

Die Blaumeisenjungen, die bei den Kohlmeisen aufwachsen, werden wahrscheinlich ein normaleres Meisenleben führen als die fremdgepflegten Kohlmeisenjungen aus dem vorigen Nistkasten. Offenbar sind die jungen Blaumeisen weniger beeinflussbar als die Kohlmeisen, was Arterkennung und Gesang betrifft. Nur eine kleine Minderheit der Blaumeisen aus Kohlmeisennestern verzichtet auf den Blaumeisentriller, den alle anderen Blaumeisenmännchen in der näheren Umgebung hören lassen. Die Blaumeisen fühlen sich von anderen Blaumeisen angezogen, obwohl sie bei Kohlmeiseneltern aufgewachsen sind, und den fremdgepflegten Blaumeisen gelingt es in der Regel auch, einen Partner oder eine Partnerin zu finden. Gänzlich unbeeinflusst sind sie jedoch nicht. Sie betrachten sowohl Blaumeisen als auch Kohlmeisen des gleichen Geschlechts als Rivalen, und einige von ihnen finden über die eigene Art hinaus auch Kohlmeisen sexuell anziehend.

Die bedauernswerten Kohlmeisen, die bei Blaumeisen aufgewachsen sind, wollen oder können dagegen keinen Partner der eigenen Art für sich gewinnen. Es gelingt den artverwirrten Kohlmeisen nur dann, eigenständig einen Partner zu finden, wenn ein fremdgepflegtes Blaumeisenweibchen sich ausnahmsweise mit einem gleichfalls fremdgepflegten Kohlmeisenmännchen zusammentut. Vielleicht imponiert ihm seine Größe. Viele Weibchen mögen große Männchen. Die Nachkommen solcher gemischten Paare sind dennoch Blaumeisen, keine Hybride (Mischung aus einem Elternteil von jeder Art). Offensichtlich treffen sich die Blaumeisenweibchen nebenher auch mit mindestens einem Artgenossen, die Paarungen mit dem Kohlmeisenpartner führen dagegen zu nichts. Seit Mitte der neunziger Jahre haben die Forscher nur einen einzigen Hybriden in der ganzen Gegend gefunden.

Jedes Jahr kümmert sich Tore Slagsvold bei den Behörden um die Erlaubnis, die Versuche zur Fremdpflege weiter durchführen zu dürfen. Als ich andeutete, dass es schon ein bisschen traurig sein muss, so aufzuwachsen und außer Stande zu sein, einen Partner zu finden, hält er dagegen, dass diese Vögel genauso lange leben wie ihre Artgenossen, nicht zuletzt, weil ihnen die Mühen der Brutzeit erspart bleiben. Es sei vielleicht kein verbrieftes Vogelrecht, zu heiraten, erklärt der Professor. Schließlich kämen ja auch viele Menschen gut allein zurecht.

Außerdem kommt es in der Natur auch durch Zufälle zu Fällen von Fremdpflege. Eine Kohlmeise legt beispielsweise zwei Eier in ein Nest, wird dann aber von einem Habicht oder einer Katze getötet. Es herrscht großer Wohnungsmangel, so dass ein Blaumeisenpaar die Nisthöhle übernimmt und die Eier sich vermischen. Die Kohlmeisenjungen wachsen daraufhin mit Eltern und Geschwistern einer anderen Art auf. Erst kürzlich fanden Forscher tatsächlich eine solche gemischte Brut mit Jungen von sowohl Blau- als auch Kohlmeisen und Fliegenschnäppern, die alle vom selben Kohlmeisenpaar aufgezogen wurden.

~

Mittlerweile haben die Forscher zudem untersucht, was geschieht, wenn die Jungen mit Eltern zweierlei Arten aufwachsen. Zu ihrer Überraschung fanden sie heraus, dass die Mutter ausschlaggebend dafür ist, wie die Söhne später singen. Wachsen Kohlmeisenjunge mit einer Blaumeisenmutter auf, singen sie nämlich mit Einschlägen von Blaumeise, ganz gleich, wer der Vater ist. Wachsen die Kohlmeisenjungen dagegen mit einer Kohlmeisenmutter auf, singen sie reine Kohlmeisengesänge – selbst wenn der Vater im Nistkasten eine artverwirrte Kohlmeise ist, die Blaumeisengesang im Repertoire hat.

Es sieht also nicht danach aus, dass Meisenjungen ihren Vater direkt kopieren. Wahrscheinlich haben junge Meisen mehrere Vorbilder, wenn sie singen lernen, wählen aber Lehrmeister, die sie als Vögel der eigenen Art wahrnehmen. Die Mutter ist vielleicht am wichtigsten für die Prägung der Identität ihrer Söhne, und diese Identität wiederum entscheidet, wen der Sohn nachahmt.

~

Während die Meisen brüten oder Nahrung für ihre Jungen im Nest holen, beginnen auch die Fliegenschnäpper in dem Wald unter dem Kolsåstoppen Eier zu legen.

Auch die Jungen des Trauerschnäppers durften in diesem Nistkastengebiet bei Kohl- und Blaumeisen aufwachsen. Obwohl die Eier der Fliegenschnäpper hellblau sind und wenig Ähnlichkeit mit Meiseneiern haben, kümmern sich die Meisen bereitwillig um sie. Sind Meisenjunge im Nest, haben die geschlüpften Fliegenschnäpperjungen Probleme, sich im Konkurrenzkampf um Nahrung zu behaupten. Wird dagegen die ganze Brut ausgetauscht, so dass die Geschwisterschar im Meisennest ausschließlich aus Fliegenschnäppern besteht, geht es ihnen gut. Auf diese Art aufzuwachsen scheint sie auch nicht zu verwirren. Bei den fremdgepflegten Fliegenschnäppern, die nach dem Überwintern in Westafrika zu ihrem Geburtsort zurückkehren, deutet jedenfalls nichts darauf hin, dass sie sich zu Meisen hingezogen fühlen. Als Eltern sind sie genauso erfolgreich wie andere Fliegenschnäpper, singen aber Strophen aus dem Gesang der Pflegeeltern, so dass man schon von Weitem hört, ob ein Fliegenschnäppermännchen bei Kohlmeisen, Blaumeisen oder Fliegenschnäppern aufgewachsen ist.

Fliegenschnäppern und Blaumeisen gemeinsam ist, dass sie Vielweiberei praktizieren. Vielleicht ist die angeborene Arterkennung wichtiger für Junge, die Gefahr laufen, beim Aufwachsen wenig Kontakt zum Vater zu haben. Bei den Fliegenschnäppern ist es außerdem üblich, dass die beiden Partnerinnen des Männchens sich in weit voneinander entfernt liegenden, getrennten Revieren aufhalten, so dass der Vater für einige Fliegenschnäpperjungen noch abwesender ist. Außerdem sind die Fliegenschnäpper viel weitlaufiger mit den Meisen verwandt als die beiden Meisenarten untereinander, und das Aussehen unterscheidet sich deutlich. Auch das könnte erklären, warum die fremdgepflegten Fliegenschnäpper keine Probleme mit der Arterkennung bekommen.

Was die Meisen lernen würden, sollten sie bei Fliegenschnäppern aufwachsen, ist unklar. Meisenjunge überleben in den Nestern von Fliegenschnäppern nämlich nicht. Tore Slagsvold rümpft die Nase, als hätte man ihm etwas Ekelerregendes zum Essen vorgesetzt, als er den Grund erläutert. Die Fliegenschnäppereltern bringen den Jungen Ameisen und Fliegen und Ähnliches. Das ist nichts für eine kleine Meise. Sie bevorzugt weiche und saftige Raupen.

~

Gegen Ende unserer Runde kommen wir zu einem Nistkasten, in dem die Blaumeisenjungen bei ihren biologischen Eltern bleiben durften. Als Slagsvold den Deckel abhebt, blicken wir auf eine große Schar nackter, frisch geschlüpfter Nestlinge. Er fischt sie geschickt heraus, zählt zehn Stück und bittet mich, zwei von ihnen zu halten. Das größte und kleinste Exemplar der Brut sollen gewogen werden.

Selbst das größte Junge ist unfassbar klein. Es bleibt in meiner gekrümmten Handfläche auf dem Rücken liegen und rudert mit seinen Beinen und nackten Flügelstummeln, aber als Nummer zwei dazukommt und neben ihm liegt, scheinen sich beide durch den Körperkontakt zu beruhigen. Es ist das erste Mal, dass ich frischgeschlüpfte Vogeljunge in meiner Hand halte, und ich habe Sorge, sie zu verlieren. Die winzigen Körper haben in meiner Hand kein spürbares Gewicht. Mit geschlossenen Augen wüßte ich nicht, ob sie noch da wären. Die Meisenjungen erinnern an gerupfte Hähnchen im Miniaturformat, haben aber eine lebendige, hellrote Babyhaut, ihr Kopf ist im Vergleich zum Körper riesig, und ihre unfertigen Augen sind wiederum gigantisch im Vergleich zum Kopf, zwei dunkle Kugeln unter einer Schicht aus halbdurchsichtiger Haut.

Das größte Junge beginnt den Kopf zu drehen. Es reißt den breiten, gelben Schnabel weit auf, blind hoffend, die ganzen Störungen könnten darauf hindeuten, dass es etwas zu fressen gibt.

Slagsvold wiegt die Knirpse nacheinander, indem er sie in eine Tüte bugsiert, die er mit einem Haken an die sensible Waage hängt. Das größte Junge wiegt 1,4 Gramm, was bedeutet, dass es am Vortag geschlüpft ist. Das kleinste wiegt nur 0,85 Gramm und ist definitiv erst heute geschlüpft.

Die Meisenjungen dürfen in die Geborgenheit des Nests zurückkehren, dann befestigen wir sorgfältig den Deckel. Während wir zusammenpacken, warnt eine Blaumeise schnarrend und hitzig ihre Familie aus dem nächststehenden Baum. Wir entfernen uns, damit die Meisen ihrer Arbeit wieder nachgehen und Nahrung zum Nest bringen können. In nur drei Wochen werden die Jungen flügge sein.

Familienleben

Daheim etabliert sich derweil eine neue Kohlmeisenfamilie. Allem Anschein nach fängt der Witwer aus dem Nistkasten in der Kiefer mit einer neuen Partnerin noch einmal von vorn an, diesmal jedoch zu meiner großen Freude in dem Nistkasten mit Kamera an unserer Hauswand.

Nur zwei Tage nachdem ich am Einflugloch des Nistkastens in der Kiefer Fliegen entdeckte, zeigt das Bild auf dem Computerbildschirm, dass das Weibchen den Boden des Kastens mit Moos bedeckt hat. Ein paar Haare sind im Einflugloch hängengeblieben. Sie glänzen im hellen Tageslicht. Als wir den Jungen vor ein paar Tagen die Haare schnitten, legten wir die Strähnen auf dem Felsen aus, damit die Vögel sich bedienen konnten. Der ganzen Familie gefällt der Gedanke, dass wir unseren Meisennachbarn vielleicht geholfen haben, eine Decke für die Jungen zu finden.

Sonntagabend gegen acht stehen wir alle vor dem Bildschirm und sehen, wie das Weibchen sich für die Nachruhe bereitmacht. Es wühlt ziemlich herum, gräbt, pickt und dreht sich im Kreis. Schließlich kommt es zur Ruhe, zusammengekauert in einer hübschen Grube, dicht umgeben von Haarbüscheln. Wir überlegen, ob schon Eier unter ihm liegen, schließlich könnte es sie zudecken, wenn es nicht im Kasten ist.

Am nächsten Tag bekommen wir die Antwort. Als wir von

Arbeit und Schule heimkehren, liegen deutlich sichtbar drei Eier in der mit Haaren ausgekleideten Grube. Da, wie wir inzwischen wissen, die Meisen (wie die meisten anderen Vögel) ein Ei pro Tag legen, wurde das erste wohl schon am Samstagmorgen gelegt. Eisprung und Befruchtung geschehen einen Tag, bevor das Ei gelegt wird. Das Weibchen muss jedoch noch früher darauf eingestellt gewesen sein, eine Familie zu gründen, da die Eier und sein Körper Zeit benötigen, um bereit zu sein. Von dem Zeitpunkt, an dem es sich entscheidet zu brüten, dauert es vier, fünf Tage, bis das erste Ei gelegt werden kann, erzählte mir Slagsvold, als wir den Waldweg in Bærum hinuntergingen. Ich rechne die Tage zurück und erkenne, dass das Weibchen sich ungefähr zu der Zeit entschieden haben muss, als ich entdeckte, dass die Jungen in dem anderen Nistkasten tot waren.

Dienstagnachmittag kommt Jo, der gerade elf geworden ist, vom Computer zu mir gerannt und berichtet, dass vier Eier im Nistkasten liegen. Am Donnerstag zählen wir sechs. Erst nach dem achten Ei ist Schluss. Es kommt der Samstag, der letzte Tag im Mai. Obwohl sie reichlich spät dran sind, versuchen die Kohlmeisen, eine durchschnittliche Kohlmeisenbrut aufzuziehen.

Während die Eier gelegt werden und in der nachfolgenden Brutzeit, sehen und hören wir regelmäßig, wie Weibchen und Männchen sich verständigen. Wenn das Männchen draußen sitzt und singt, antwortet das Weibchen aus dem Inneren des Kastens mit einer Art schnellem Flötenzwitschern, das anders ist als jeder andere Meisenruf, den ich kenne. Als es mich einmal ziemlich nah an sich herankommen lässt, während es singend im Fliederstrauch unterhalb des Nistkastens sitzt, höre ich die Antworten des Weibchens auch durch die Wände hindurch. Seine Stimme klingt hier draußen sanfter und melodischer, als durch das winzige Mikrofon im Nistkasten und die kleinen Computerboxen.

Montag, den 9. Juni, schlüpfen am Nachmittag die ersten beiden Jungen. Die kleinen, blinden Knirpse brauchen eine ganze Weile, um sich von den Eierschalen zu befreien. Wir haben uns wieder vor dem Bildschirm versammelt, als die Mutter mit den ersten Fuhren Nahrung herangeflogen kommt. Beide Jungen reißen wie besessen ihre Schnäbel auf, die so breit sind wie der Kopf, und das Weibchen drückt dem einen die Raupe tief in den Hals.

»Ich frage mich, ob das Weibchen ein gutes Gefühl dabei hat, wenn sie die Jungen füttert«, sagt Katrine.

Der Raupengipfel

So spät in der laufenden Brutzeit Junge zu bekommen ist ein Problem, weil die Eltern sie durchfüttern müssen, obwohl ihnen weniger Nahrung zur Verfügung steht.

Kleine, weiche und nahrhafte Schmetterlingsraupen sind das bevorzugte Futter für die Jungen. Am zahlreichsten sind sie jedoch, wenn das Laub an den Bäumen noch relativ frisch ist. Wir merken es daheim, denn Ende Mai oder Anfang Juni kommt es des Öfteren vor, dass eine grüne Spannerraupe aus dem Kirschbaum auf den Tisch fällt, wenn wir draußen essen. Manchmal läuft einer von uns auch gegen eine kleine Raupe, die sich gerade an dem Seidenfaden herablässt, den sie selbst spinnt, und einem daraufhin von den Haaren herabbaumelt oder an den Kleidern klebt.

Einer der Gründe dafür, dass die Raupen zu Beginn des Sommers so zahlreich sind, ist der ewige Krieg, den Bäume und Insekten gegeneinander führen. So setzen die Bäume Chemikalien ein, um das Laub für die Raupen ungenießbar zu machen, aber nach der langen Winterpause kommt es zunächst einmal darauf an, möglichst schnell die Photosynthese in Gang zu bringen, so dass die Bäume ihr Laubwerk in aller Hast entfalten, und danach dauert es eine Weile, bis sie die Blätter mit natürlichen Pflanzenschutzmitteln vollpumpen können, um sie härter, trockener und als Raupenfutter untauglich zu machen. In der Zwischenzeit müssen die

Raupen versuchen, so viel frisches Laub zu fressen, wie sie nur können. Im Juni, als sich unsere verspäteten Kohlmeisenjungen im Nistkasten Fett anfressen sollen, haben manche Raupen sich bereits verpuppt, sich also in eine harte Schale eingeschlossen, um mit ihrer Verwandlung in einen ausgewachsenen Schmetterling zu beginnen.

Das Brutverhalten der Meisen ist so eingestellt, dass sie normalerweise das treffen, was Slagsvold und seine Kollegen den Raupengipfel nennen. Gemeint ist, dass die Jungen am hungrigsten sind, wenn es die meisten Raupen gibt. Das Frühlingslicht löst bei den Vögeln den Prozess der Geschlechtsreife aus. Wann genau das erste Ei gelegt wird, entscheidet das Weibchen dann allerdings anhand der Temperatur oder anderer Frühlingsboten. Es kommt jedoch durchaus vor, dass die Meisen vom Wetter oder den Insekten überrascht werden, so dass sie sich verschätzen. Passiert der Meise das, lernt sie daraus und kann den Zeitpunkt im nächsten Jahr besser justieren.

Im Vorsommer findet man die meisten Raupen im Laubwald, weshalb es für die dort lebenden Vögel am wichtigsten ist, den Raupengipfel zu treffen. Die Kohlmeise lebt auch in Gebieten, in denen immergrüne Nadelbäume dominieren und es zwar weniger Raupen, dafür jedoch den ganzen Sommer über einen gleichmäßigeren Zugang zu Nahrung gibt. Deshalb gelingt es der Kohlmeise vor allem in Nadelwäldern, im Laufe einer Brutzeit zwei Bruten hintereinander aufzuziehen.

Am 13. Juni, vier Tage nachdem die ersten beiden Vögel schlüpften, befinden sich sechs hungrige Meisenjunge im Nest, von denen eines deutlich kleiner ist als die anderen. Beide Eltern gehen auf Nahrungssuche, aber der Vater fliegt die meisten Runden. Was er findet, Raupen, Spinnen und sogar einige ausgewachsene Insekten mit Flügeln, kleine Motten oder anderes in dieser Art, liefert er bei der Mutter ab, die für die Verteilung sorgt. Erleichtert stelle ich fest, dass im Garten immer noch viele grüne Spannerraupen zu sehen sind. Aus zwei Eiern schlüpft kein Junges, aber für die sechs Geschwister, die das Licht der Welt erblickt haben, scheint genügend Nahrung vorhanden zu sein.

Die Arbeitsleistung der Meisen stellt gestresste Säuglingseltern der modernen norwegischen Variante völlig in den Schatten. Im Laufe der drei Wochen, die ihre Kohlmeisenjungen im Nest bleiben, bringen die Eltern ihrer Brut etwa 10 000 Raupen zum Nest, wobei sie pro Flug immer nur eine Raupe im Schnabel haben. Andrew Gosler vergleicht die Essensversorgung des Nests mit einer Menschenfamilie, in der die Eltern mehr als hundert Kilo Lebensmittel pro Tag heranschaffen, nicht zu vergessen, dass diese Eltern mit jedem einzelnen Warenposten vom Supermarkt nach Hause joggen müssten. Zum Zeitpunkt des Schlupfs wiegen die Jungen der Kohlmeisen im Schnitt 1,3 Gramm. Dieses Gewicht soll sich ungefähr um das Fünfzehnfache steigern, ehe sie drei Wochen später das Nest verlassen.

Unser Nistkasten mit Kamera ist nichts für Leute, die Angst vor Spinnen haben. Vor allem bis zum fünften oder sechsten Lebenstag der Jungen bringen die Eltern ihnen zahlreiche Spinnen. Danach bilden sie einen kleineren Teil bei der Nahrungslieferungen. Dies gilt für Kohl- und Blaumeisen gleichermaßen, tatsächlich erreichen viele Sperlingsvögel einen ähnlichen Spitzenwert bei der Verfütterung von Spinnen in den ersten Tagen. Ihr Anteil an der Nahrung richtet sich also nach dem Alter der Jungen, unabhängig davon, ob sie zu einem frühen oder späten Zeitpunkt in der Brutzeit schlüpfen. Anscheinend benötigen die Jungen in einem gewissen Stadium ihrer Entwicklung Spinnen, und die Wissenschaftler haben lange nach dem Grund gesucht. Eine Hypothese lautete, dass Spinnen einen Stoff enthalten, der für die Entwicklung des Federkleids wichtig ist. Eine neue Studie deutet jedoch darauf hin, dass die jungen Meisen über die Spinnen eher einen anderen Stoff namens Taurin aufnehmen, der bei Menschen und vielen anderen Tieren wichtig für die Entwicklung des Gehirns ist. Spinnen enthalten weitaus mehr Taurin als Schmetterlingsraupen. Menschen beziehen Taurin zunächst aus dem Mutterkuchen und nehmen es später über die Muttermilch auf, ein Mangel an Taurin führt zu Abweichungen in der Entwicklung mit motorischen Mängeln und einem niedrigeren Intelligenzquotienten. Versuche mit Blaumeisenjungen zeigen, dass auch ihre Fähigkeiten von dem Stoff beeinflusst werden. Am Ufer des Loch Lomond in Schottland verabreichten Forscher der Hälfte aller Meisenjungen in jedem Nest eine Extraportion Taurin. Die Blaumeisen, die den Nahrungszusatz erhalten hatten, als sie noch im Nest lagen, schnitten am besten ab, als einige Wochen später ihre Lernfähigkeit und ihr Erinnerungsvermögen erprobt wurden. In den Tests sollten sie zunächst lernen, einen Deckel hochzuwippen, um an Futter zu gelangen. Danach sollten sie sich erinnern, unter welchem Deckel das Futter verborgen lag. Vögel, die zusätzliches Taurin erhalten hatten, wiesen außerdem eine wagemutigere Persönlichkeit auf.

Die Meisenjungen wachsen schnell und benötigen für ihren Knochenbau reichlich Kalzium. Deshalb holen die Eltern Schneckenhäuser ins Nest. Außerdem versorgen sie die Jungen mit Sandkörnern, die diese für die Verdauung benötigen. Vögel haben keine Zähne zum Kauen, verfügen stattdessen über einen verstärkten Teil des Verdauungstrakts, der Kaumagen genannt wird. Dort wird das Futter von kräftigen Muskeln und einer rauen Innenseite der Wände zerkleinert. Viele Vögel schlucken Sandkörner und Kies, die ihnen helfen, die Nahrung im Kaumagen zu zerquetschen. Anfangs fangen die Eltern ziemlich kleine Tierchen für ihre Jungen und steigern die Größe im Laufe der ersten fünf Tage. Bei ausgewachsenen Insekten entfernen sie häufig Beine und Flügel, ehe sie die Insekten an die Jungen verfüttern.

Am Sonntag, dem 15. Juni, fällt mir auf, dass die Meisen einige verblüffend große Insekten anschleppen, wie es scheint, meist blasse Nachtschwärmer. Die Jungen haben bereits die ersten Federn auf den Flügeln, aber das Kleinste hinkt weiter hinterher und schlägt mit nackten Flügelstummeln. Auf dem Scheitel zeigen alle die gleichen hohen und wüsten Daunenfrisuren. In den folgenden Tagen wächst das Federkleid, die Bettellaute werden tiefer und

Ein Elternteil holt das Kotpaket aus dem Blaumeisennest.

schlagen in andere Arten von Lauten um, und ich sehe, dass die Jungen mehrere mächtige Schmetterlinge und größere Spinnen mit langen Beinen verschlingen. Es ist ein Wunder, dass sie so große und unförmige Bissen überhaupt herunterbekommen, und manchmal müssen die Eltern es immer wieder probieren, bis es den Jungen gelingt, sie zu schlucken. Einmal scheint sich eines übergeben zu müssen, nachdem es etwas Großes und Schwarzes geschluckt hat. Ich vermute, dass die Eltern inzwischen mehr von diesen fetten Biestern anschleppen, weil die Raupen allmählich knapp werden. Nach dem Füttern reckt häufig eines der Jungen sein Hinterteil in die Höhe und liefert das Kotpaket direkt in den Schnabel von Mutter oder Vater.

Es ist Sommer. Sooft wir können, schlendern wir zum Fjord hinunter, gehen schwimmen und sind an den hellen Abenden mehr draußen als im Haus. Alle Zugvögel sind eingetroffen, an den Ufern patrouillieren die schlanken Fluss-Seeschwalben auf der Suche nach kleinen Fischen und hoch über dem Haus stürzen sich die Mauersegler auf der Jagd nach Insekten schwindelerregend herab. Die Meiseneltern scheinen immer schneller zum Nistkasten zu fliegen. Anfangs sind die Jungen noch blind, aber am 20. Juni hebt zumindest eines ein Lid, während es den Schnabel aufreißt. Noch vor Monatsende werden alle das Nest verlassen haben. Deshalb wird es jetzt Zeit, sich das Aussehen der Eltern einzuprägen, damit die Jungen wissen, wem sie an ihren ersten Tagen im Freien folgen sollen. Und zu welchen Vögeln sie gehören.

Mittlerweile treiben sich in der Nähe unseres Nistkastens verdächtig oft Elstern herum. Ständig höre ich wütendes Meisenspektakel, wenn eine Elster sich auf einem Sitzplatz dicht unter dem Hausgiebel, unmittelbar über dem Nistkasten niedergelassen hat. Die hungrige Elster hofft wohl, dass eine der jungen Meisen hinaushüpft. Die Eltern warnen: Kein Junges darf nun auf die Idee kommen, sich im Freien zu zeigen.

Als die Jungvögel Ende Juni den Sprung aus dem Nistkasten wagen, bin ich verreist, aber bevor ich fahre, sehe ich sechs hübsche Meisen, die für die Welt draußen bereit zu sein scheinen, auch wenn sie vorläufig noch ruhig dasitzen und warten. Inzwischen sehen sie aus wie die flugtauglichen Meisenjungen, denen man begegnet, wenn sie gerade erst das Nest verlassen haben. Ihr Federkleid ist komplett, aber ihre Wangen sind gelb, wo die Altvögel weiß sind, und die Jungvögel weisen insgesamt weniger Farbkontraste auf. Ihre Schwanzfedern sind noch so kurz, dass sich dies negativ auf ihre Manövrierfähigkeit auswirkt, wenn sie schließlich fliegen. Der Schnabel ist noch immer eher dafür geformt, gefüttert zu werden, als selbst Nahrung zu fangen, er ist breit, rundlich und leuchtend gelb, so dass der Schlund deutlich sichtbar ist, wenn sie betteln.

Kurz bevor die Meisenjungen das Nest verlassen, gehen ihre Eltern dazu über, ihnen das Futter am Einflugloch anzubieten, so dass die Jungen dort hinaufklettern müssen. Die Kleinen schieben den Kopf aus der Öffnung und werfen einen ersten Blick auf die Welt draußen. Die Eltern füttern in diesen letzten Tagen weniger, so dass die Jungen hungrig und rastlos werden, außerdem schläft ihre Mutter nicht mehr bei ihnen. Ihr Nachwuchs hüpft im Nistkasten umher, flattert und trainiert die Flügelmuskulatur. In der Regel verlassen sie dann morgens das Nest. Manchmal versuchen die Eltern, den Prozess zu beschleunigen, indem sie mit einem verlockenden Futterhappen im Einflugloch auftauchen, mit dem sie anschließend aber wieder davonfliegen. Haben die Jungen erst einmal den Sprung nach draußen gewagt, kehren sie nicht mehr zum Nest zurück.

Ich sah einmal eine Brut Blaumeisen, die den Nistkasten verließ, in dem sie aufgewachsen war. Die Jungen waren unglaublich süß, als sie zögernd im Einflugloch saßen, und man sah ihnen regelrecht an, dass sie zwischen zwei Impulsen schwankten: Dem Drang zu springen und dem Drang, kehrtzumachen. Schließlich ging es hinaus und praktisch sofort auf den Erdboden, wo sie kurz sitzenblieben, ehe sie unter einen Strauch oder auf einen niedrigen Ast hüpften oder flatterten.

Ich glaube ehrlich gesagt, dass man Meisenjunge unmittelbar nach dem Verlassen des Nistkastens mit der bloßen Hand fangen könnte. Ihre ersten Flugrunden sehen sehr amateurhaft aus und es grenzt an ein Wunder, dass sie nicht allesamt Opfer von Katzen, Krähen und Habichten werden. Viele werden auch gefressen, aber die Eltern tun alles, um es zu verhindern. Wenn sie in der ersten Zeit nach dem Verlassen des Nests hören, dass die Jungen vor einer Gefahr warnen, beginnen sie mit einer Art Aufführung. Fauchend überfliegen die Kohlmeisen im Gleitflug die Stelle und wenn sie landen, machen sie übertriebene Bewegungen, so dass es aussieht, als hielten sie Ausschau nach der drohenden Gefahr, spähen dabei jedoch häufig nicht dorthin, woher die Warnrufe kamen, sondern in die entgegengesetzte Richtung. Die Blaumeise hat ihre eigene Variante dieses Rituals. Möglicherweise dient die Darbietung dazu, die Aufmerksamkeit des Raubtiers von den Jungen abzulenken, ähnlich wie Schneehühner und andere Tiere in offener Landschaft den Flügel nachschleifen und so tun, als wären sie verletzt.

An einem schönen Junimorgen stößt Katrine auf dem Weg zur Arbeit auf ein Meisenjunges. Es sitzt mitten auf dem Kiesweg und als sie sich ihm nähert, kauert es sich zusammen, statt aufzufliegen oder fortzuhüpfen. Seine Eltern sind nirgends zu sehen. Vielleicht hat das Junge Nest und Geschwister verlassen, ehe es wirklich fliegen konnte. Vielleicht ist es auch so verängstigt oder geschwächt, dass ihm die Kraft zur Flucht fehlt. Katrine versucht, es unter einen Strauch zu scheuchen, wo es vermutlich sicherer wäre, aber der Jungvogel will sich einfach nicht von der Stelle rühren. Sie gibt auf und geht weiter, um ihre Fähre zu bekommen. Nach ein paar Metern dreht sie sich noch einmal um und sieht eine Krähe, die sich herabschwingt und die hilflose kleine Meise im Schnabel mitnimmt.

Esskultur

In der ersten Zeit, solange die Jungen noch lernen, allein zurechtzukommen, bleiben die Meisenfamilien zusammen. Bei den Kohlmeisen vergehen etwa zwei bis drei Wochen nach dem Sprung aus dem Nistkasten, bis die Jungen ohne Hilfe der Eltern zurechtkommen müssen. Manche Kohlmeisenpaare bringen eine zweite Brut auf den Weg, nachdem die ersten Jungen aus dem Nest sind, so dass die erste Brut mit dem vorliebnehmen muss, was der Vater noch an Hilfe leisten kann. Bei den Blaumeisen scheint bislang niemand untersucht zu haben, wie lange die Familien zusammenbleiben.

Den ganzen Juni hindurch, während die verspäteten Kohlmeisenjungen noch im Nistkasten aufwachsen, besuchen jedenfalls Familientrupps beider Meisenarten unseren Garten. Als Erstes taucht schon am 31. Mai eine große Blaumeisenfamilie auf. Tagelang sitzen die Jungen bettelnd in den niedrigen Ebereschen und Espen am oberen Ende des Grundstücks, zur Baustelle hin, während die Eltern sie genauso zügig mit Nahrung versorgen wie im Nistkasten. Mir gefällt der Gedanke, dass es das Blaumeisenpaar sein könnte, das im Frühjahr häufig bei uns vorbeischaute, und nun eine große Schar von Jungvögeln mitbringt. Die Blaumeisenfamilie erhält die Erlaubnis, sich im Garten aufzuhalten. Selbst als später Kohlmeisenfamilien vorbeischauen, bleiben die Versuche unseres eigenes Kohlmeisenmännchens, sie zu verjagen, ziemlich halbherzig.

Die Meisenjungen lassen die Flügel zittern, wie ihre Mutter es tat, als sie sich im Frühjahr bei der Balz von ihrem Partner füttern ließ. Ihre Bettellaute treffen den exakt richtigen, quengelnden Ton. Die Blaumeisenjungen sagen zi-zi-zi-zä-zä-zä oder so ähnlich, mit zunächst höheren und danach tieferen Tönen, wobei die Anzahl der Töne variieren kann. Die Kohlmeisenjungen betteln monoton oder mit ansteigenden Tönen.

Die Meisenjungen müssen jedoch rasch lernen, sich selbst Futter zu beschaffen. Sie tun dies einerseits, indem sie Dinge ausprobieren, aber auch dadurch, dass sie beobachten, wie ihre Eltern und andere Meisen vorgehen. Die Erfahrungen aus diesen ersten Wochen im Freien prägen ihre Nahrungsgewohnheiten für die gesamte Lebensspanne. In dem Nistkastengebiet am Kolsåstoppen haben die Versuche mit Fremdpflege, bei denen Eier zwischen Kohl- und Blaumeisennestern getauscht werden, gezeigt, wie wichtig diese frühe Lernphase ist.

Kohl- und Blaumeise haben nämlich leicht unterschiedliche Essgewohnheiten. In der Raupensaison konkurrieren sie um das vorhandene Futter und suchen häufig an denselben Stellen danach. Das restliche Jahr jagen sie jedoch relativ getrennt voneinander, selbst wenn sie in einem gemeinsamen Wintertrupp umherstreifen. Die Blaumeise sucht normalerweise eher in den Baumwipfeln und auf den äußersten Zweigen, die Kohlmeise eher auf dem Erdboden und an Baumstämmen und niedrigen Ästen nach Nahrung. Tore Slagsvold und Karen Wiebe haben die Futtersuche der fremdgepflegten Meisen im Frühherbst und Anfang des Frühjahrs studiert und herausgefunden, dass Kohlmeisen, die bei Blaumeisen aufgewachsen sind, der Blaumeisensitte folgen und in Baumwipfeln und auf Zweigen nach Futter suchen. Selbst ältere Kohlmeisen, die genügend Zeit hatten, eigene Erfahrungen zu sammeln, bleiben bei diesem Blaumeisenverhalten, wenn sie es sich als Jungvögel angeeignet haben. Die Wissenschaftler fanden zudem Anhaltspunkte dafür, dass fremdgepflegte Blaumeisen von den Gewohnheiten der Kohlmeisen beeinflusst wurden, wenngleich in einem geringeren Ausmaß. Die Blaumeise ist ein spezialisierterer Insektenjäger als ihr größerer Verwandter und ihr Körper ist dafür gebaut, kopfüber an kleinen Zweigen hängen zu können. Möglicherweise lässt sich die Blaumeise deshalb nicht so leicht beeinflussen wie die vielseitigere Kohlmeise.

Wenn die Meisen Eltern werden, zeigt sich erneut die Beeinflussung aus der ersten Lebensphase. Kohlmeisen fangen wenig verwunderlich größere Raupen und Insekten für ihre Jungen als die kleinen Blaumeisen für ihre zarteren Nestlinge. Kohlmeisen, die bei Blaumeisen aufwuchsen, kommen mit deutlich kleineren Futterhappen zu den Jungen in ihrem Nest als andere Kohlmeisen. Und Blaumeisen, die bei Kohlmeisen aufgewachsen sind, verfüttern deutlich größere Futterstücke als andere Blaumeisen. Die Versuche zur Fremdpflege liefern keine sichere Antwort auf die Frage, ob die Meisenjungen von ihren Eltern lernen oder die Gewohnheiten anderer Vögel aufgreifen, die sie für Angehörige derselben Art halten wie sie selbst.

So oder so ist nicht sicher, dass es sich um eine sonderlich durchdachte Form des Unterrichts handelt. Vielleicht werden die Meisen von den Eltern oder anderen Meisen lediglich dazu gebracht, bestimmte Orte aufzusuchen, woraufhin sie die Erfahrung machen, dass sie dort etwas finden, was sie mögen, so dass sie bei dieser Form der Suche bleiben. Die Tatsache, dass die Wahl von Futter und Jagdgründen so sehr davon abhängt, was sie von ihren Artgenossen lernen, ist dennoch eine interessante Entdeckung. Sie verdeutlicht, dass die Lebensweise der Vögel nicht nur genetisch vererbt wird, sondern auch durch ein Lernen von Generation zu Generation tradiert – als eine Form von Kultur. Für den Menschen sind solche kulturellen Übertragungen bekanntlich sehr wichtig, aber wir wissen derzeit nur wenig darüber, welche Bedeutung sie bei anderen Tieren spielen. Außer Frage steht jedenfalls, dass Kultur eine größere Bedeutung für unsere eigene Evolution hat als für andere Arten. Doch je mehr wir darüber erfahren, welche Rolle Kultur für viele und ganz unterschiedliche Tierarten spielt, desto besser können wir uns ein Bild davon machen, was nur dem Menschen eigen ist und was wir mit anderen Tieren gemeinsam haben.

Die Blaumeise steht im Übrigen seit langem in dem Ruf, ein gelehriger Vogel zu sein. Schon in den zwanziger Jahren des vorigen Jahrhunderts fiel den Bewohnern eines Dorfs in Südengland auf, dass die Meisen Löcher in die Deckel der Milchflaschen hackten, die der Milchmann vor den Haustüren seiner Kunden abstellte. Diese Deckel waren aus einer weichen Metallfolie und die Milch war nicht homogenisiert, so dass die Meisen problemlos an die oben schwimmende Sahne herankamen. In der Nachkriegszeit stellte sich dann heraus, dass Meisen vielerorts so vorgingen, sowohl in Großbritannien als auch in anderen Ländern wie Schweden und Dänemark. Allem Anschein nach entdeckten die Meisen diese großartige Möglichkeit, Milchfett zu verspeisen unabhängig voneinander an verschiedenen Orten – aber das Muster, wie die ses Verhalten sich ausbreitete, könnte auch darauf hindeuten, dass viele Vögel von der neuen Nahrungsquelle erfuhren, indem sie voneinander lernten. Jedenfalls wurden die Milchdiebstähle der Meisen zu einem berühmten Beispiel dafür, dass Tiere voneinander lernen, wobei umstritten blieb, wie gut gewählt das Beispiel war. Experimente haben kürzlich bestätigt, dass unerfahrene Blaumeisen einen Nutzen daraus ziehen, wenn sie mit Artgenossen zusammen sind, die wissen, wie man an Nahrung herankommt. Die Biologen versteckten Futter unter zwei Arten dicht schließender Deckel – einem aus einer Metallfolie, die aufgehackt und in Stücke gerissen werden musste, also ähnlich wie bei einer altmodischen Milchflasche, und einem aus Pappe, der hochgeklappt werden musste. Dann ließen sie in dem Raum einen Schwarm Blaumeisen frei. Es musste nur eine Meise darunter sein, der die Forscher beigebracht hatten, die Foliendeckel zu öffnen, schon fanden auch viele unerfahrene Meisen heraus, wie sie die Folie durchlöchern konnten. Hatte man der erfahrenen Meise dagegen beigebracht, den Pappdeckel hochzuklappen, fanden die meisten anderen heraus, wie man diesen öffnete. War kein erfahrener Vogel anwesend, fand für die Dauer des Experiments keine Blaumeise Zugang zum Futter.

Der Habicht kommt

Die Jungvögel der Meisen müssen von Grund auf lernen, wovor sie sich in Acht nehmen müssen. Sollten sie überhaupt angeborene Vorstellungen davon haben, wie gefährliche Tiere aussehen, dürften diese nicht besonders präzise sein. Um dies zu testen, wurden junge Kohlmeisen eine Woche nach dem Schlupf von ihren Eltern getrennt und durften in der Forschungsstation Tovetorp südlich von Stockholm aufwachsen. Als sie vier Wochen alt waren – also in einem Alter, in dem die Eltern normalerweise außerhalb des Nests auf sie aufgepasst hätten –, brachten die Forscher sie mit einem ausgestopften, sitzenden Sperber zusammen. Die Hausmeisen reagierten teilnahmslos. Viele von ihnen fraßen ruhig weiter, nachdem der Sperber aufgetaucht war. Grundsätzlich reagierten sie nicht stärker auf den Sperber als auf ein ausgestopftes Rebhuhn, ein ungefährlicher Vogel von der Größe eines Sperbers. Kohlmeisen, die einige Monate in der freien Natur gelebt hatten, ehe sie gefangen und Tests ausgesetzt wurden, reagierten dagegen heftig auf den ausgestopften Sperber: Sie bewegten sich schnell und ruckartig, nickten mit dem Kopf, schlugen mit den Flügeln und stießen schnarrende Warnrufe aus. Wenn der Sperber verschwand, blieben sie noch eine ganze Weile regungslos sitzen, ehe sie wieder fraßen. Die meisten Kohlmeisen, die in die Schule des Lebens gegangen waren, ignorierten dagegen das Rebhuhn.

Die Forscher fragten sich, ob die völlig unerfahrenen Hausmeisen dennoch instinktiv auf einen fliegenden Sperber reagiert hätten. Das haben sie jedoch nicht getestet.

Die Meisen warnen sich gegenseitig mit einem speziellen Warnlaut vor fliegenden Habichten oder Sperbern – einem einzelnen, sehr hohen Pfiff. Viele andere Singvögel verwenden ungefähr den gleichen Ruf und verschiedene Arten reagieren auf die Warnungen der anderen. Die hohen Pfiffe tragen nicht so weit wie der sonst übliche schnarrende Warnruf, außerdem ist schwer festzustellen, woher die hohen Töne kommen. Das dürfte der Grund dafür sein, dass dieser Ruf sich für die Warnung vor einer sehr akuten Gefahr etabliert hat, die den Tod bedeuten könnte, wenn man auf sich aufmerksam machen würde. Meisenjunge, die diese hohen Warnrufe hören, sitzen vollkommen reglos und geben keine Bettellaute mehr von sich. Sie reagieren bereits darauf, während sie noch im Nest liegen, das Wissen um diese Alarmrufe ist also angeboren. Auch ausgewachsene Vögel reagieren mit Erstarren, es sei denn, sie sitzen allzu ungeschützt. Abgesehen von diesen Alarmrufen verfügen die Meisen über ein ganzes Repertoire schnarrender Warnlaute, die manchmal von melodischen Tönen begleitet sind. Diese Rufe setzen sie ein, um sich gegenseitig vor nicht ganz so akuten Gefahren zu warnen, wie sie zum Beispiel sich langsam bewegende Menschen, vierbeinige Tiere oder sitzende Raubvögel darstellen. Wahrscheinlich deutet die Wahl der verschiedenen schnarrenden Rufe an, um welche Gefahr es sich jeweils handelt, oder wie groß sie ist. Wenn die Meisen laut schnarrend warnen und hektische und erregte Bewegungen machen und sich manchmal sogar dem Tier nähern, das sie doch fürchten, verdeutlichen sie dem Feind damit auch, dass er entdeckt wurde. Eventuell gibt der Habicht oder die Katze dann auf, so dass es beiden Seiten erspart bleibt, Zeit damit zu vergeuden, sich gegenseitig im Auge zu behalten, denn die Wahrscheinlichkeit einer erfolgreichen Jagd ist bedeutend geringer, wenn die Beute weiß, wo der Jäger ist.

Kohlmeisenjungvogel

Seine Stimme finden

Ende Juli legt sich eine Hitzewelle über Südostnorwegen. Die Stra-
ßen sind leergefegt, die Strände voll. Die ruhige Meeresoberfläche
wird immer wieder von kleinen Fischen durchstoßen, die auf der
Flucht vor Makrelen oder anderen Räubern, die sie von unten an-
greifen, zu mehreren aus dem Wasser schießen. An den letzten
Urlaubstagen liege ich am Ufer und beobachte einige Möwen, die
eine raffinierte Technik entwickelt haben, um sich die Flüchten-
den zu schnappen. Sie scheinen berechnen zu können, wann und
wo die Fische die Oberfläche durchbrechen werden, woraufhin
sie im exakt richtigen Moment mit offenem Schnabel heransegeln.
Vielleicht beobachten sie die Jagd, die unter Wasser im Gange ist.
Häufig sind sie rund um das Badefloß aktiv, solange dort keine
Menschen im Wasser plantschen.

Nachmittags sammeln sich weiter draußen im Fjord Möwen,
Kormorane und kleine Boote, wo die See von kleinen Fischen
brodelt und die Makrelen sich direkt darunter zusammenscha-
ren. Mauersegler melden sich zu Hunderten am blauen Himmel,
wenn die geflügelten Ameisen über dem Haus schwärmen. Meistens sieht man zuerst, was am Himmel passiert, und bemerkt erst
im Anschluss die hektischen Vorbereitungen der Ameisen am Erdboden. Gibt es reichlich Ameisen, machen auch die Möwen einen
Abstecher vom Meer herauf. Sie verraten ihre Absicht dadurch,

dass sie beim Abbremsen mit den Flügeln schlagen, um unmittelbar vor dem Erreichen der Beute genau zu zielen. Ich habe Stare bei dem gleichen Manöver beobachtet. Offenbar verspricht diese Technik Erfolg, wenn man geflügelte Ameisen in der Luft fangen möchte und nicht so akrobatisch veranlagt ist wie Mauersegler und Schwalben.

Die Meisen sehen zerzaust aus. Die erwachsenen Vögel sind mitten in der Mauser, dem Wechsel des Gefieders, der nicht zum Spaß geschieht. Das Gefieder ist für die Vögel ungeheuer wichtig und wiegt bezeichnenderweise zweimal so viel wie ihr Skelett (Vogelknochen sind hohl, ihr Körper ist für das Fliegen gebaut). Die Federn erfordern tägliche Pflege. Meisen und andere Vögel versehen ihre Federn mit einer wachsartigen Imprägnierung, die sie mit dem Schnabel aus einer Drüse an der Rückseite des Körpers holen, der sogenannten Bürzeldrüse. Trotzdem müssen die Federn auf Grund von Verschleiß, Verletzungen und dem ewigen Nagen von Läusen und anderen Parasiten nach einer gewissen Zeit ersetzt werden. Abgenutzte Federn isolieren schlechter und eignen sich weniger gut zum Fliegen. Außerdem benötigen die Meisen ein präsentables Federkleid für die nächste Brutzeit. Im Gegensatz zum Beispiel zu Enten, die zweimal im Jahr in die Mauser kommen, wechseln die Meisen ihr Federkleid nur einmal jährlich.

Die Federn bestehen wie unsere Nägel und Haare größtenteils aus dem Protein Keratin. Um ein neues vollständiges Gefieder zu produzieren, benötigen die Meisen viel proteinreiche Nahrung. Nun, da die Jungen selbständig sind und sie selbst noch Insekten fangen können, ist der richtige Zeitpunkt gekommen.

Auch die Jungvögel dieses Jahres beginnen jetzt, ein paar Wochen nach der Elterngeneration, mit der Mauser. Allerdings wird bei ihnen nicht das gesamte Federkleid ausgewechselt. Sie verlieren ihre kindlich gelben Wangen und bekommen ihr erwachsenes Jahreskleid, das den größten Teil des Körpers bedeckt, behalten aber die größten Flügelfedern, die Hand- und Armschwingen genannt werden. Diese Schwungfedern sind, wenn der Flügel entfaltet ist, ganz hinten und sie verrichten beim Vogelflug den Löwenanteil der Schubarbeit. Die Jungmeisen behalten zudem einige der kleineren Deckfedern auf der Oberseite der Flügel. Nach der Mauser können erfahrene Vogelbeobachter Meisen im ersten Lebensjahr am Farbkontrast zwischen den Deckfedern, die vom Jugendkleid behalten werden, und denen, die bereits im ersten Spätsommer ausgetauscht werden, erkennen. Wie viele dieser Federn ersetzt werden, variiert allerdings und die Farbunterschiede sind eher vage. Selbst Experten irren sich bei der Altersbestimmung aus der Distanz gelegentlich. Ich selbst werde nicht schlau daraus, so sehr ich auch hinstarre.

Ein Brabbeln in den Bäumen

Eine Blaumeise landet auf der äußersten Spitze des Kirschbaumasts, der direkt auf uns zeigt und beginnt zu zetern und zu schimpfen. Katrine und ich sitzen friedlich im Schatten und frühstücken, es ist Samstagvormittag und die Kinder haben bei den Großeltern übernachtet. Keiner von uns tut etwas Jähes und Beängstigendes. Vermutlich eine Jungmeise, die ihre Warnrufe erprobt, denke ich. Nach einer Weile ist sie es leid zu schnarren und sucht Blätter und Zweige nach Essbarem ab. Sie pickt ein wenig in einer alten Kirsche.

Dann höre ich einen schwachen Laut, eine Art leises, tastendes Singen. Um sicher zu sein, dass ich mich nicht täusche, wölbe ich die Hände hinter den Ohren, um mehr Klang einzufangen, und tatsächlich, von der Meise im Kirschbaum kommen kaum hörbare Töne, sie heben und senken sich ohne erkennbaren Plan.

Zwei Tage später besucht uns im selben Baum eine Gruppe Kohlmeisen und bedient sich bei den Sonnenblumenkernen, die ich ausgehängt habe. Als ich mich in die Verandatür stelle, um sie zu beobachten, löse ich zwar ein kleineres Warnspektakel aus, aber sie ergreifen nicht die Flucht. Kurz darauf höre ich erneut leisen und tastenden Gesang. Es ist schwer zu sagen, von welcher der Kohlmeisen die sanften Töne kommen.

Am ersten August meine ich in den Gesangsansätzen aus dem großen, gemischten Meisentrupp im Kirschbaum klassische Kohl- und Blaumeisenstrophen heraushören zu können.

Die ersten Gesangsansätze der Jungvögel werden *Subgesang* genannt. Es handelt sich um sanfte, vorsichtige Töne, die ohne klar erkennbares Muster in der Tonhöhe auf- und absteigen. Auf diese Art dürfte das Gesangsorgan trainiert werden, schreiben die Vogelgesangsforscher Peter R. Marler und Hans Slabbekoorn, die diesen Subgesang mit den Spielen junger Säugetiere und dem Brabbeln von Kleinkindern vergleichen. Mit der Zeit gehen die Vögel dazu über, einzelne Gesangsstrophen zu wiederholen. Damit haben sie die nächste Phase erreicht, den *plastischen Gesang*. Nun üben sie viele verschiedene Strophen ein, die sie größtenteils von anderen Vögeln übernehmen. Schließlich folgt der *kristallisierte Gesang*, bei dem die Vögel ihr Repertoire ausdünnen, einige Gesangsstrophen fallen lassen, die sie zuvor geprobt haben, und die Phrasen, die sie behalten, zu deutlich abgegrenzten Gesangseinheiten mit Pausen ordnen. Gleichzeitig singen sie kräftiger. Das Erlernen des Gesangs ist meist an anderen Arten als Meisen erforscht worden – vor allem bei diversen Finken, außerdem bei der Nachtigall, einer der wirklich virtuosen Sängerinnen im Vogelkosmos – aber junge Singvögel scheinen häufig sehr ähnliche Phasen zu durchlaufen.

Das Erlernen des Vogelgesangs weist zahlreiche Gemeinsamkeiten zu unserer Sprachentwicklung in der Kindheit auf. Singvögel und Menschen haben frühe Brabbel- und Lallphasen auf dem Weg zur richtigen, erwachsenen Version von Sprache oder Gesang. Wir besitzen angeborene Eigenschaften, die uns helfen, wichtige Töne herauszuhören und sie in den Mustern zu ordnen, die für Sprache oder Gesang erforderlich sind. Dennoch ist jeder auch abhängig davon, erwachsene Vorbilder sowie seine eigene Stimme zu hören, um die richtigen Töne zu bilden. Wie das Kind durchlaufen auch Jungvögel eine kritische Phase, die entscheidend dafür ist, wie sich das Sprechen oder Singen entwickelt, auch wenn Menschen und viele Vögel lebenslang die Fähigkeit behalten, neue Laute zu lernen.

Auf Grund dieser Parallelen interessieren sich auch Sprachforscher für den Vogelgesang. Dicke Bücher und zahlreiche Artikel sind verfasst worden, die Sprechen und Zwitschern vergleichen. Parallelen zu den Singvögeln finden die Linguisten jedoch vor allem in der Phonetik, darin, wie der Mensch lernt, gesprochene Laute wiederzuerkennen und selbst zu bilden. Die Art der Vögel, Klangelemente miteinander zu kombinieren – und bei Arten wie der Nachtigall kann der Gesang weitaus komplizierter sein als bei den Meisen –, folgt völlig anderen Regeln als unsere Grammatik. Nichts spricht dafür, dass die Singvögel über etwas verfügen, was unserem System entspräche, Sätze mit bestimmten sinnvollen Inhalten zusammenzustellen, indem wir Worte miteinander kombinieren, die auf bestimmte Ereignisse, Gegenstände und Eigenschaften verweisen.

Bei Vögeln wie Menschen führt der Lernprozess dazu, dass sich in unterschiedlichen Gebieten verschiedene Varianten von typischen Lauten der Art herausbilden. Die Vogelgesangsforscher sprechen hier tatsächlich von Dialekten. Schon Aristoteles benutzte das altgriechische Wort *dialektos*, das Sprache oder Rede oder die Art zu sprechen bedeutet, als er die Variationen im Gesang der Vögel diskutierte. Er dachte vielleicht nicht unbedingt an Unterschiede von Ort zu Ort, aber ihn interessierte, dass die jungen Vögel dem Vorbild erwachsener Lehrmeister folgten.

Die Fähigkeit, Töne nachzuahmen und damit neue Laute zu erlernen, indem man anderen lauscht, ist charakteristisch für Menschen und Vögel, andere Tiere können das eher nicht. Die meisten Säugetiere sind außer Stande, neue Laute zu lernen. Das Bellen, Knurren und Jaulen der Hunde ist ebenso angeboren wie das erste Weinen des Säuglings. Natürlich können Hunde lernen, wann sie Laut geben und schweigen sollen (wenngleich Letzteres schwierig genug sein kann). Außerdem können sie bekanntlich lernen, Worte wie Sitz oder Futter zu verstehen, dagegen sind sie nicht in der Lage, die Worte selbst hervorzubringen oder sich Laute aus dem Repertoire von Katzen oder anderen Tierarten anzueignen. Unter den Säugetieren besitzen nur Wale, Seehunde, Elefanten und Fledermäuse eindeutig unsere Fähigkeit, neue Laute zu lernen.

Übrigens können auch nicht alle Vögel Laute nachahmen. Das Quaken der Enten und das Gackern der Hühner sind angeborene Standardlaute, und weder Enten noch Hühner können ihr Repertoire durch Zuhören erweitern. Von drei Ordnungen in der Welt der Vögel ist bekannt, dass sie Laute nachahmen können: Von den Papageien natürlich, die sogar unsere Stimme nachzubilden vermögen, aber auch den winzigen Kolibris, die so hohe Pieplaute hervorbringen, dass ihre Nachahmungen erst bemerkt wurden, als die Forscher Tonaufnahmen analysierten. Schließlich besitzen auch die vielen Singvögel, zu denen die Meisen gehören, diese Lernfähigkeit.

Die Singvögel bilden eine Unterordnung der Sperlingsvögel. In Europa sind alle Sperlingsvögel Singvögel, so dass es im Grunde unnötig ist, die beiden Ordnungen zu unterscheiden. Dies wird erst erforderlich, wenn man sich auf andere Erdteile begibt, in denen reichlich Arten leben, die zwar Sperlingsvögel, aber nicht so eng miteinander verwandt sind, dass sie zu den Singvögeln gezählt werden könnten.

Hört man einen Vogel, der schöne Flöten- oder Zwitschertöne hervorbringt, handelt es sich mit ziemlicher Sicherheit um einen Singvogel, aber nicht alle Singvögel sind gleichermaßen musikalisch. Krächzende Krähen und Elstern werden auch zu den Singvögeln gezählt, selbstverständlich nicht wegen ihrer Gesangsstimme, sondern auf Grund der Verwandtschaftsverhältnisse. Auch Krähenvögel benutzen ihre heiseren Stimmen auf unterschiedlichste Weise und ahmen gern Laute nach, manchmal sogar menschliche Stimmen.

Die gemeinsamen Vorfahren von Meisen und Menschen, die vor mehr als 300 Millionen Jahren lebten, dürften nicht in der Lage gewesen sein, neue Laute zu lernen, unsere Affenvorfahren konnten es jedenfalls nicht. Singvögel und Menschen haben die Fähigkeit zur Nachahmung also unabhängig voneinander entwickelt. Auf die gleiche Weise haben andere Tierordnungen wie Elefanten und Kolibris dieses Talent ganz individuell für sich entwickelt. Der Amerikaner Erich Jarvis, der die Gehirne von Vögeln und anderen Tieren studiert, hat eine Erklärung dafür bereit, wie die Fähigkeit, neue Laute hervorzubringen, sich durch eine verhältnismäßig simple Veränderung der Nervenbahnen entwickelt haben könnte: Der weit oben liegende Bereich im Gehirn, der bei Säugetieren und Vögeln erlernte Bewegungen steuert, könnte durch eine Mutation mit den Bereichen tief unten im Gehirn verbunden worden sein, die das Hervorbringen von angeborenen Lauten steuern. So könnte ein existierendes System zum Erlernen motorischer Fertigkeiten die Steuerung der Lautproduktion übernommen haben. Jarvis meint, ähnliche Mutationen könnten in jeder der Tierordnungen vorgekommen sein, die begonnen haben, mit Hilfe von Nachahmung neue Laute zu lernen. Dies könnte erklären, warum die Systeme zur Steuerung der Lautproduktion bei Singvögeln, Menschen und anderen Lautnachahmern einander recht ähnlich sind, obwohl alle die Fähigkeit unabhängig voneinander entwickelt haben.

Die menschliche Stimme ist im Laufe weniger hunderttausend Jahre Evolution geformt worden, und auf dieser Wegstrecke hat die natürliche Selektion uns seltsamerweise mit einer Halskonstruktion ausgestattet, die uns Gefahr laufen lässt zu ersticken. Der Kehlkopf, dieses knorpelartige Organ, das bei Männern heraussticht und als Adamsapfel bekannt ist, sitzt viel tiefer im Hals als bei unseren engsten Verwandten, den Menschenaffen. Der Kehlkopf enthält bekanntlich die Stimmbänder, aber bei den meisten Säugetieren funktioniert er auch als ein Ventil, das flüssige und feste Nahrung daran hindert, in die Luftröhre zu gelangen. Beim Menschen kann der Kehlkopf diese Aufgabe nicht übernehmen, da er unterhalb der Wegscheide zwischen Luft- und Speiseröhre liegt. Wenn wir versehentlich gleichzeitig trinken und atmen, müssen wir husten und uns räuspern, und wenn ein Bissen in den falschen Hals gelangt, wie man so sagt, kann er schlimmstenfalls die Atemwege blockieren, so dass wir ersticken. Dafür lässt der abgesenkte Kehlkopf jedoch Platz für die große, akrobatische Zunge, die weit unten im Schlund befestigt ist und Kunststücke vollbringt, die ihr kein anderes Säugetier nachmacht. Der Rachen, die Mundhöhle, die Zunge und unsere Lippen können eine Vielzahl von Lauten formen und die Vibrationen der Stimmbänder verbreiten ihre Resonanz sowohl aufwärts in die Mundhöhle als auch abwärts in den Brustkorb. Für unsere Vorfahren war die Stimme mit anderen Worten wertvoll genug, um das Risiko des Erstickens in Kauf zu nehmen.

Lange bevor wir zu sprechen begannen, haben die Vögel schon gesungen und Laute nachgeahmt. Sie produzieren ihre Töne allerdings auf ganz andere Art als wir. Bei Vögeln funktioniert der Kehlkopf – auch als Larynx bekannt – ausschließlich als ein Ventil am oberen Ende der Luftröhre. Töne produzieren sie stattdessen mit der Syrinx, auch Stimmkopf genannt, einem anderen Organ, das in der Brust am unteren Ende der Luftröhre dort sitzt, wo sie den beiden Bronchien begegnet, die zum jeweiligen Lungenflügel führen. Bei den Singvögeln hat die Membran, die von den Vögeln gestrafft und gelockert wird, um den Ton zu verändern, zwei Teile, die unabhängig voneinander bewegt werden können, so dass sie gleichzeitig mit zwei verschiedenen Stimmen singen können.

Im Gesangsorgan Syrinx besitzen die Vögel eine Lösung, die der in unserem Körper vorhandenen haushoch überlegen ist, hält der Vogelkenner Colin Tudge fest. Ihre Stimmgewalt kommt ohne Erstickungsgefahr aus und das Gesangsorgan nutzt bescheidene Lungenvolumen und kleine Vogelkörper weitaus effektiver zur Produktion von Lauten als die menschliche Kehle oder die Kehle anderer Säugetiere. Hätte Pavarotti eine Syrinx besessen – das Gesangsorgan der Vögel –, wären die Opernhäuser in ihren Grundfesten erschüttert worden und das Publikum wäre in Scharen taub geworden.

Allein mit den Vögeln

Anfang September starte ich meinen eigenen kleinen Meisenversuch. Ich habe geschälte Sonnenblumenkerne gekauft, wie man sie im Supermarkt bei den Backzutaten findet. Nun hoffe ich, dass die Meisen so erpicht auf diese Kerne sein werden, die sie nicht erst aus der Schale herauspicken müssen, dass sie sich näher heranlocken lassen. Mein Ziel ist, dass sie mir aus der Hand fressen.

Die Schale mit den geschälten Sonnenblumenkernen steht auf der gepflasterten Veranda, unweit von dem Kirschbaum, in dem die Futterspender hängen. Hinter der geöffneten Verandatür sitze ich am Schreibtisch und arbeite. Manchmal stelle ich mich für einen Moment in die Türöffnung, damit die Meisen sich an meinen Anblick gewöhnen.

In den ersten beiden Tagen nähert sich kein Vogel der Schale. Es ist schwer zu sagen, ob die Meisen von Furcht zurückgehalten werden oder schon so gut mit Futter aus dem Kirschbaum versorgt sind, dass sie keine Lust verspüren, neue Möglichkeiten zu erforschen. Als ich von einem Waldspaziergang zurückkehre, ist die Schale umgekippt, die Kerne liegen auf den Platten verstreut. Mehrere Meisen bedienen sich. Ich schätze, dass eine Elster die Schale umgeworfen hat, denn für die Meisen dürfte sie etwas zu schwer gewesen sein. Jedenfalls tausche ich sie gegen einen flacheren Plastikteller aus, der nicht so leicht umkippt, und setze ihn für den Fall, dass es den Meisen zu unsicher erscheint, sich einem fremden Gegenstand auf dem Erdboden zu nähern, auf einen Gartenstuhl. Als ich die Spender im Kirschbaum nicht mehr mit Sonnenblumenkernen auffülle, wächst das Interesse an den geschälten Kernen auf dem Plastikteller.

Ein paar Tage später ist der Teller den Meisen so vertraut geworden, dass er auch dann regelmäßig frequentiert wird, wenn ich in der Türöffnung stehe. Selbst wenn ich den Stuhl mit dem Teller etwas näher an mich heranrücke, kommen die Meisen und fressen. Die Kohlmeisen sind zurückhaltender, die Blaumeisen mutiger. Am kühnsten ist eine Gruppe von Kleibern, ich glaube, es ist eine Geschwisterschar aus dem Frühjahr. Während die Blau- und Kohlmeisen jeweils einen Kern zu ihrem Fressplatz auf einem Zweig oder Stuhlrücken in der Nähe holen, verspeisen die Kleiber viele Kerne auf einmal und besetzen dabei den Teller. Sie sind etwas kräftiger gebaut und verjagen sowohl Blau- als auch Kohlmeisen. Wenn Elstern kommen und den ganzen Futterplatz für sich beanspruchen wollen, strecke ich jäh die Arme seitlich aus oder mache einen Schritt nach vorn, was ausreicht, um sie in die Flucht zu schlagen.

~

Spazieren zu gehen oder in der Türöffnung zu stehen ist an diesen schönen Septembertagen verlockender, als am Schreibtisch zu sitzen. Leichte Bewölkung wechselt sich mit Sonnenschein ab. Die Blätter sind noch grün. Die Meisen fechten kleine Kämpfe an den Futterspendern und dem Teller auf dem Stuhl aus, sie setzen dabei gern die Körperhaltung mit den gespreizten Flügeln ein und zeigen mit dem Schnabel drohend auf den Widersacher. Gelegentlich scheinen sie auch die Flügel zu benutzen, um das Futter so abzudecken, dass die anderen nichts fressen können. Einmal stehe ich so nahe, dass ich hören kann, wie eine Kohlmeise eine Blaumeise scharf anfaucht.

Die effektivste Methode, den Platz eines Konkurrenten zu

übernehmen, besteht jedoch darin, genau dort zu landen, wo die andere Meise gerade sitzt, denn diesem Angriff widersteht keine. Sollte jedoch ein unterlegener Kontrahent ein solches Manöver wagen, kann er sich hinterher auf Ärger gefasst machen.

Auch außerhalb der Brutzeit werden die meisten Konflikte der Meisen rasch so gelöst, dass einer der Beteiligten aufgibt. Die Grundregel lautet, dass Kohlmeisen über Blaumeisen dominieren und Männchen über Weibchen. Meisen, die im selben Gebiet leben, kennen sich und verfügen über eine etablierte Rangordnung, die darüber entscheidet, wer sich zuerst bedienen darf. Fremde Meisen mustern einander und versuchen einzuschätzen, wie bedrohlich der andere Vogel aussieht. Auch die Reviere spielen weiterhin eine Rolle, obwohl sie nicht im gleichen Maß behauptet werden wie im Frühjahr. Ortsansässige Meisen verhalten sich auf heimischem Terrain anderen Meisen gegenüber wesentlich dominanter als außerhalb ihres Reviers.

~

An einem frühen Sonntagmorgen sitze ich auf der Eingangsstufe hinter dem Haus und beobachte Blaumeisen und Kleiber, die sich von dem Teller voller Sonnenblumenkerne bedienen. Solange ich dort sitze, bleiben die Kohlmeisen fern, vielleicht sieht es für sie so aus, als wäre ich auf dem Sprung, wenn ich jedoch aufstehe, sind sie bereit, ebenfalls zu fressen.

Der Teller steht nicht weit weg. Flatternde Flügelschläge von Zeit zu Zeit sind das lauteste Geräusch ringsum. Die Sonne ist aufgegangen und hat nach wie vor einige Wärme zu bieten. Eine Woche ist vergangen, seit ich begonnen habe, die Meisen näher zu mir zu locken, und etwas zahmer sind sie durchaus geworden, aber es dauert.

Immerhin bekomme ich auf die Art viele Vögel zu sehen. Mehrmals habe ich erlebt, dass alle Meisen im selben Moment auffliegen und in alle Richtungen ausschwärmen. So viele gleichzeitig schlagende Flügelpaare sind ziemlich laut, manchmal hatten sich

Ein effektiver Angriff: Eine Kohlmeise setzt zur Landung
am Sitzplatz einer Blaumeise an.

Kohlmeise droht Blaumeise.

dreißig bis vierzig Vögel am Futterplatz versammelt. Die Flucht kann durch den schnarrenden Warnruf einer Meise ausgelöst werden, geschieht aber auch ohne jede Vorwarnung. Vielleicht hat mich nur ein besonders schreckhafter Vogel entdeckt und warnt oder flieht so abrupt, dass er die anderen ängstigt. Es fällt nicht ganz leicht, das Warnsystem der Meisen zu durchschauen, denn bei anderen Gelegenheiten schnarrt eine von ihnen unablässig, ohne dass es irgendwen interessiert. Man könnte fast meinen, dass die Meisen bedeutungsvolle Unterschiede aus dem Tonfall heraushören.

Die Meisen haben jedenfalls allen Grund, auf der Hut zu sein. Als wir an einem Septemberabend auf der Veranda Fisch essen, besucht uns eine weiße Katze. Sie kommt zu uns, reibt sich an allen Füßen und macht danach einen Abstecher ins Haus, so dass ich sie wieder hinaustragen und die Türen schließen muss. Während die Erwachsenen später Kaffee trinken, werden die Zweige des Fliederstrauchs auf einmal heftig geschüttelt. Sieben, acht Meisen lassen ihre Sonnenblumenkerne fallen, die sie gerade bearbeiten, und fliehen überstürzt. Die Katze hat regungslos in dem Gebüsch gewartet. Nun trottet sie davon, diesmal jedoch ohne eine Meise in den Pfoten.

~

Die Idee zu meinem Zähmungsversuch stammt nicht von Wissenschaftlern. Sie haben kein Interesse daran, Meisen handzahm zu machen. Aber ich habe Bilder von vertrauensvollen Meisen gesehen, die zu Menschen kommen, um sich von ihnen füttern zu lassen, was hübsch aussieht.

Meine größte Inspirationsquelle war mit Sicherheit ein Buch, das ich in den Sommerferien las, ein bemerkenswertes, gut sechzig Jahre altes Werk der britischen Autorin Len Howard. *Birds as individuals* hieß es, als es 1952 erstmals mit einem Vorwort des berühmten Biologen Julian Huxley erschien. Die deutsche Ausgabe erschien 1954 unter dem Titel *Alle Vögel meines Lebens*.

Kurz vor dem Krieg, als Len Howard Anfang vierzig war, zog sie aus London in ein kleines Häuschen, das sie sich in der Nähe des Dorfes Ditchling in Sussex bauen ließ. Sie taufte ihr neues Zuhause *Bird Cottage* und lebte dort bis zu ihrem Tod allein mit den Vögeln. Das Buch handelt vom Leben ihrer gefiederten Freunde rund um dieses Vogelhaus, nicht zuletzt von den Kohlmeisen, die durch die Fenster und Türen frei ein und aus flogen, ihr aus der Hand fraßen und sich gern auf ihre Schulter, in ihr Haar oder auf die Schreibmaschine setzten, während sie an dem Buchmanuskript arbeitete. Der Band enthält schöne Schwarzweißaufnahmen vom Zusammenspiel zwischen der Autorin und den Vögeln, allerdings keine, auf der man ihr Gesicht sehen kann. Es ist abgewandt oder außerhalb des Bildausschnitts.

Einer der Vögel, von denen Howard erzählt, ist eine Kohlmeise namens Hanni, die im Gegensatz zu den allermeisten Kohlmeisenweibchen nach Herzenslust sang. Hanni war musikalisch und übertraf den Gesang ihrer Gatten bei weitem, schreibt Howard. Dieser Vogel wurde sechs Jahre alt und hatte in dieser Zeit drei verschiedene Partner. Die beiden ersten starben. Im letzten Sommer ihres Lebens teilte sie sich ungewöhnlich genug ihren Gatten mit einem anderen Meisenweibchen (es ist der einzige Fall von Vielweiberei, von dem ich bei Kohlmeisen gelesen habe), aber die Sache endete unglücklich, denn das Männchen fütterte nur Hannis Junge, egal, wie sehr Grauröckchen, das andere Weibchen, auch mit zitternden Flügeln bettelte und bat. Grauröckchen und die Jungen starben schließlich, obwohl ihre menschliche Nachbarin versuchte, beim Füttern zu helfen. Len Howard erklärte, Trauer und Enttäuschung seien für Grauröckchens Tod verantwortlich gewesen, denn das Futter, das Howard ihr nach dem Verrat des Mannes anbot, wollte sie einfach nicht fressen.

In *Alle Vögel meines Lebens* wird eine große Personengalerie von Kohlmeisen porträtiert, unter anderem das ungewöhnlich neugierige Meisenmännchen Glatzkopf und das schöne, aber furchtsame Weibchen Wuschi, das seine Partner Jahr für Jahr enttäuschte, weil es sich außer Stande zeigte, Eier zu legen. Howard verfolgt mal anerkennend, mal kopfschüttelnd, wie die verschiedenen Meisenpaare ihre Brut aufziehen.

Len Howards detaillierte Schilderungen des Lebens jedes einzelnen Vogelnachbarn lassen meine eigenen Teilzeitbeobachtungen von Meisen einigermaßen kläglich aussehen. Sie erzählt von einem Jahrzehnt, das ganz dem Zusammenleben mit Vögeln gewidmet war. Und sie lebten wirklich zusammen, ihre geflügelten Freunde und sie. Howard ließ das Schlafzimmerfenster offen stehen und hängte in dem Raum Kästen an die Wände, in denen die Kohlmeisen gern schliefen. Mit der Zeit kannte sie die Familiengeschichte jeder Meise rund um ihr Haus.

Der Reichtum an Details dürfte der Grund dafür gewesen sein, dass professionelle Ornithologen sich beeindruckt zeigten. Noch 1979 nannte der Oxforder Ornithologe Christopher Perrins Howards Beschreibungen des Gesangs und übrigen Verhaltens von Kohlmeisen eine ungewöhnliche, aber herausragende Arbeit, die nach wie vor interessante Themen für weitergehende Forschungen andeute. Allergrößten Wert legt Howard auf die Erfahrung, dass Individuen derselben Art unterschiedliche Persönlichkeiten besitzen, was die Forschung seither nachgewiesen hat. Was die Vögel betraf, so fehlte ihr eine akademische Ausbildung, aber ihren Gesang analysierte Howard mit musikalisch geschulter Kennerschaft. Bevor sie aufs Land zog und sich ganz der Vogelbeobachtung verschrieb, hatte sie in London einige Jahre als Musikerin gearbeitet. Ich gehe davon aus, dass sie etwas Geld geerbt hatte. Über die Vögel schrieb sie unter dem Namen Len, obwohl sie eigentlich Gwendolen Howard hieß.

Im Grunde finde ich es bewundernswert, sich so vollständig einer einzigen Aufgabe zu widmen, wie Howard es tat. Bewundernswert, aber vielleicht auch ein wenig beunruhigend, vor allem, da die Autorin ihrer Vögel zuliebe offenbar jeden Kontakt zu Menschen scheute.

Howard vertrat die Ansicht, dass die meisten Beobachtungen

des Verhaltens von Vögeln davon geprägt waren, dass die Meisen sich vor den Menschen fürchteten, die sie beobachteten. Dies hemme das natürliche Verhalten der Vögel und lasse sie dümmer wirken, als sie eigentlich seien, erklärte sie. Um sicherzugehen, dass ihre eigenen Vögel sich geborgen fühlten, vermied sie praktisch jeden Besuch in ihrem Haus. Wer dennoch die Erlaubnis zu einem Besuch erhielt, musste detaillierte Anweisungen befolgen. In der Erinnerung eines Mädchens, das in den vierziger Jahren in der Nähe wohnte, war *Bird Cottage* ein gespenstischer Ort, an dessen überwuchertem Tor ein handgeschriebenes Schild mit dem Bescheid »Kein Zugang, Vögel brüten« hing. Es kursierten Gerüchte, denen zufolge die Bewohnerin, »The Bird Lady«, mit den Vögeln sprechen könne. Wenn ich von dem zurückgezogenen Leben lese, das Howard führte, und die Schwarzweißbilder von ihren Händen und ihrem Hinterkopf zusammen mit den Vögeln sehe, drängt sich mir unweigerlich der Gedanke auf, dass der Grund für ihre Bevorzugung gefiederter Gesellschaft darin lag, dass sie die Menschenscheu, die sie bei den Meisen beobachtete, mit diesen teilte. Vielleicht hatte sie in London Enttäuschungen erlebt, die sie veranlasst hatten, sich von den Menschen zurückzuziehen.

Einige wenige Abschnitte in *Alle Vögel meines Lebens* werfen außerdem die Frage auf, ob die Autorin noch ganz bei Trost war. So meinte Howard, sie könne die Gefühle der Meisen an ihrem Gesichtsausdruck ablesen. Ich selbst empfinde ihre Gesichter als nicht besonders ausdrucksvoll, wenn man davon absieht, dass insbesondere Blaumeisen gelegentlich die Federn auf ihrem Scheitel aufstellen. Meisen kommunizieren wohl eher mit Hilfe von Körperhaltungen. Darüber hinaus behauptete Howard, die Meisen horten ihr zu und verstünden manches von dem, was sie ihnen sagte, entweder anhand der Worte oder des Tonfalls, ähnlich wie ein Hund, und dass die Vögel sich sogar an sie wandten, wenn sie Hilfe benötigten. Meinen Erfahrungen mit Meisen und anderen kleinen, wild lebenden Sperlingsvögeln entspricht das nicht. Ich habe eher den Eindruck, dass in ihrem Leben kein Platz für Menschen ist, aber was weiß ich. Schließlich habe ich nie ernsthaft versucht, ihr Vertrauen zu gewinnen. Abgesehen von Howard, habe ich auch noch nie von jemandem gehört, der es für möglich hielt, Meisen beizubringen, Worte oder andere Signale der Menschen zu verstehen. Vielleicht haben es auch nicht viele versucht.

Len Howard markierte ihre Vögel nicht mit farbigen Ringen, wie die Forscher es im Nistkastengebiet in Bærum tun. Sie erkannte jede Meise an ihrem Aussehen. Es stimmt sicher, dass sie die Vögel ziemlich gut im Blick hatte, aber an einzelnen Punkten ihrer Erzählungen, zum Beispiel, wenn sie meint, dass die Vögel Anzeichen für telepathische Fähigkeiten besitzen, frage ich mich doch, ob sie nicht einfach zwei ihrer geflügelten Freunde verwechselte.

~

Ich freue mich immer, die Meisen zu sehen, und verbringe häufig viel Zeit damit, sie zu beobachten, aber was immer sie für mich sein mögen, Freunde sind sie jedenfalls nicht. Ich glaube nicht, dass Singvögel jemals das Fehlen von Menschen, die Abwesenheit von Freunden und Familie in meinem Leben kompensieren könnten. Ich wuchs mit Hunden und Katzen auf und denke, dass mir im Ernstfall ein Hund eine größere Stütze wäre.

Mein Versuch, die Meisen zu zähmen, verläuft jedenfalls im Sand. Das Wetter wird schlechter. Ich bin mit Lesen und Schreiben beschäftigt. Schrittweise verschwindet das Interesse. Der einzige Vogel, der mir im September in die Hände kommt, ist ein verwirrter Kleiber, der von dem Teller mit Kernen, der direkt vor der Türöffnung steht, in die falsche Richtung auffliegt. Der Kleiber landet im Haus und schwirrt kopflos durch das Zimmer, in dem ich arbeite, bis er gegen ein geschlossenes Fenster knallt. Ich lese den gelähmten Vogel vom Fußboden auf und trage ihn auf die Steinplatten hinaus. Dort liegt er minutenlang schwer atmend, mit offenem Schnabel, ehe er abrupt zu sich kommt und davonfliegt.

Clevere Kleinvögel

Kohlmeisen, die Zugang zu Futter bekommen, das an langen Schnüren hängt, lassen sich häufig eine pfiffige Lösung einfallen. Sie heben das Futter an und benutzen den Fuß, um die Fadenschlingen festzuhalten, wenn sie sich vorbeugen, um neue Fadenenden mit dem Schnabel aufzunehmen. Es kursieren zahlreiche Geschichten dieser Art über den Einfallsreichtum von Meisen. Das klassische Beispiel sind die Milchflaschen. Darüber hinaus findet man mehrere Berichte über Blau- und Kohlmeisen, die Tannennadeln oder Stäbchen als Werkzeug benutzen, um an Nahrung heranzukommen.

Dieser Einfallsreichtum ist nicht gleichmäßig verteilt. Die Fähigkeit zur Problemlösung variiert stark von Meise zu Meise. In den letzten Jahren haben die Ornithologen mit den Meisen in Wytham Woods nahe Oxford eine Reihe von Versuchen durchgeführt, um diese Unterschiede näher zu untersuchen. Sie benutzen Vogelfutterspender aus durchsichtigen Plexiglasrohren, ähnlich den Futterspendern in unserem Kirschbaum. Die Meisen stoßen bei diesen jedoch auf ein zusätzliches Hindernis. Die Scheibe mit den Sonnenblumenkernen ist in dem durchsichtigen Rohr unzugänglich, aber sichtbar. Erst wenn die Vögel einen Stift herausziehen, der die Scheibe oben hält, klappt sie herab, so dass die Kerne zugänglich werden. In anderen Varianten des Tests müssen die Meisen zwei verschiedene Stäbe herausziehen, um eine Belohnung zu erhalten, oder den Behälter mit Futter öffnen, indem sie an einer Schnur ziehen.

Die Mehrzahl der Meisen scheint nicht in der Lage zu sein, Aufgaben dieser Art zu lösen, aber als die Forscher wildlebende Meisen fingen und sie einzeln damit konfrontierten, löste eine beachtliche Minderheit zumindest eine der Aufgaben. Insgesamt waren Kohlmeisen erfolgreicher als Blaumeisen. Interessanter waren jedoch die deutlichen individuellen Unterschiede. Oft schafften Vögel, die das Stiftproblem lösten, auch den Test, bei dem sie an einer Schnur ziehen mussten. Außerdem waren häufig die Vögel erfolgreich, die im Jahr zuvor schon einmal gefangen worden waren. Wurden die entsprechenden Versuche in freier Natur durchgeführt, waren weit weniger Vögel erfolgreich. Dort wollten viele gleichzeitig an das Futter kommen, und die Meisen, die das Problem zu lösen versuchten, konnten nicht in Ruhe arbeiten. Wenn eine von ihnen Erfolg hatte, ging die Belohnung außerdem nicht selten an andere, größere und stärkere Meisen.

Detaillierte Studien über die Tests, bei denen Meisen zwei Stifte herausziehen sollten, deuten darauf hin, dass sie die Lösung durch Ausprobieren fanden – sie versuchten auf alle möglichen Arten, an das Futter heranzukommen, das sie im Inneren des Rohrs sahen, bis es ihnen – eher zufällig – schließlich gelang. Es deutete mit anderen Worten nichts darauf hin, dass sie im Voraus begriffen, was passieren würde, wenn sie an den Stiften zogen. Wenn sie einmal erlebt haben, dass eine Handlung belohnt wird, wiederholen sie diese jedoch immer wieder.

Die vielleicht interessanteste Erkenntnis dieser Forschungsarbeit ist gleichwohl, dass die Fähigkeit einzelner Meisen, Probleme zu lösen, Auswirkungen auf das alltägliche Leben hat. Nachdem die Vögel die Tests zur Problemlösung durchlaufen hatten, behielten die Forscher sie während der Brutzeit im Auge. Es stellte sich heraus, dass Vögel, die bei den Tests erfolgreich gewesen waren, in der Regel wesentlich kürzere Strecken flogen, um Futter für ihre Jungen zu holen, als Vögel, die diese Aufgaben nicht gelöst hatten, was darauf hindeutet, dass gute Problemlöser geschickter darin sind, Nahrung zu finden, und die Gegend um den Nistkasten herum so effektiver nutzen. Die Problemlöser brauchten weniger Zeit, ausreichend Futter für die Jungen herbeizuschaffen, und konnten so den Arbeitstag früher beenden und mit ihren Kräften haushalten. Meisenweibchen, die Problemlöser waren, legten im Schnitt mehr Eier und zogen mehr Junge auf (bei den Männchen stellten die Forscher keine Unterschiede fest). Andererseits gaben mehrere dieser tüchtigen Mütter Nest und Brut auf. Die Forscher vermuten als Grund, dass diese Problemlöser anfälliger auf Störungen reagieren, vor allem auf das Einfangen der Elternvögel zur Identifizierung, was bei den Forschern in Wytham zur festen Routine gehörte. Sie wissen nicht, was für diese unterschiedliche Sensibilität verantwortlich ist. Jedenfalls bestand kein großer Unterschied darin, wie erfolgreich die problemlösenden und die nicht problemlösenden Meisen bei der Fortpflanzung waren.

Es scheint sich durchaus zu lohnen, geschickt im Lösen von Problemen zu sein, aber offenbar verfolgen nur wenige Meisen eine Strategie, die Wert auf einen solchen Einfallsreichtum legt. Außerhalb der Brutzeit beobachteten die Wissenschaftler, dass die Meisen, die sich in der Konkurrenz um die Nahrung an der Futterstelle meistens durchsetzten, bei den Tests nur eine geringe Fähigkeit zur Problemlösung an den Tag gelegt hatten, dafür jedoch eine wagemutige Persönlichkeit besaßen. Diese Vögel scheinen eher um das Futter zu konkurrieren, das am leichtesten zugänglich ist. Dafür sind Kühnheit und Kraft wichtiger als die Fähigkeit, Probleme zu lösen. Andere Individuen setzen dagegen eher auf Nahrung, die schwerer zugänglich ist, so dass es weniger Konkurrenz gibt. Dafür ist allerdings Einfallsreichtum erforderlich.

Köpfchen muss man aber nicht nur haben, um Nahrung zu finden. Auch das Sozialleben der Meisen erfordert eine gewisse Intelligenz. So zeigen Meisenmännchen, die um Reviere konkurrieren, die Fähigkeit, transitive Schlüsse zu ziehen. Das hört sich spektakulärer an, als es ist. Ein transitiver Schluss ist die Logik, der man folgt, um die Aufgabe »Wenn Hendrik größer ist als Emma, und Emma größer als Kurt, wer ist dann größer, Hendrik oder Kurt?« zu lösen. Die Kohlmeise zeigt dieses Vermögen in Versuchen, bei denen Meisenmännchen heimlich Gesangsduellen zwischen einem bekannten und einem unbekannten Rivalen lauschen, und die Information aus diesem Lauschangriff nutzen, um zu entscheiden, wie groß die Bedrohung ist, die von dem unbekannten Rivalen ausgeht.

Wenn Meisen sich im Spiegel sehen

Gleichwohl vollbringen weder die Meisen noch andere Kleinvögel besonders beeindruckende intellektuelle Leistungen. Auf diesem Gebiet sind vielmehr zwei andere Ordnungen von Vögeln hervorzuheben, die Raben- und die Papageienvögel. Krähen und Papageien werden manchmal auch die Affen der Vogelwelt genannt. Wie diese sind sie ausgesprochen gesellige Tiere, haben relativ große Gehirne im Verhältnis zu ihrer Körpergröße und gehören ohnehin nicht zu den kleinsten Vögeln. Sie leben häufig länger als Meisen. Die Informationen der Forscher darüber, was einzelne Raben- und Papageienvögel zu leisten vermögen, sind schier unglaublich. Man denke nur an den Graupapagei Alex, der mehr als hundert Worte auf Englisch benutzen konnte. Ich meine benutzen, nicht bloß wiederholen. Oder die Geradschnabelkrähe Betty, die von allein auf die Idee kam, Stahldraht zu biegen, um so Haken herzustellen, mit denen sie unzugängliches Futter herausfischte.

Auch die schwarzweißen Elstern auf dem Hof daheim gehören zu den Rabenvögeln. Neben den Meisen sind Elstern die Vögel, die wir am häufigsten sehen. Im Vorsommer sind sie eine Gefahr für die Meisenjungen, die das Nest verlassen. Das restliche

Jahr verdrängen sie die Kleinvögel immer wieder vom Futterplatz. Und wenn wir für einen Moment unser Essen unbewacht auf dem Verandatisch stehen lassen, besteht die Gefahr, dass es mit einem dieser langschwänzigen Vögel auf dem Luftweg verschwindet.

Elstern sind freche Vögel, außerdem sind sie einfallsreich und intelligent. Vor ein paar Jahren verblüfften sie, als eine von ihnen in einem deutschen Labor den sogenannten Spiegeltest bestand.

Der Spiegeltest soll enthüllen, ob Tiere ein Selbstbewusstsein besitzen – ob sie eine Vorstellung von sich selbst haben, was als eine recht fortgeschrittene Form des Bewusstseins gilt. Bei Menschen entsteht es von selbst. Kinder, die Zugang zu Spiegeln haben, werden ihr Spiegelbild in der Regel erkennen, noch ehe sie zwei sind. Erwachsene, die Schäden in einem bestimmten Bereich im vorderen Teil des Gehirns davontragen, verlieren allerdings manchmal die Fähigkeit, sich selbst zu erkennen, obwohl sie andere Menschen und deren Spiegelbilder mühelos identifizieren.

Das Tier, das den Spiegeltest durchlaufen soll, darf sich mit dem Spiegel vertraut machen, bekommt aber keine Anleitung, wie er zu benutzen ist. Es erhält einen Farbfleck seitlich am Kopf, von dem es nichts weiß und den es nur sehen kann, wenn es in den Spiegel schaut. Wenn das Tier den Fleck auf seinem Körper untersucht oder zu entfernen versucht, sobald er im Spiegel sichtbar wird, hat es den Test bestanden. Das Tier begreift, dass es ein Bild von sich selbst sieht.

Die meisten Schimpansen bestehen den Spiegeltest, alle anderen Menschenaffen haben den Test mindestens einmal geschafft. Paviane und andere Affenarten, die weitläufiger mit dem Menschen verwandt sind, scheitern dagegen an ihm. Im Laufe der Zeit haben die Forscher weitere spiegelkundige Tiere gefunden, unter anderem Delphine und Schwertwale sowie Elefanten, als die Forscher irgendwann Spiegel bestellten, die für diesen Zweck groß genug waren. 2008 wurde bekannt, dass auch einige deutsche Elstern den Spiegeltest bestanden, und zwar als die ersten Nicht-Säugetiere.

Die Forscher sind sich nicht einig, was es eigentlich bedeutet, dass ein Tier den Spiegeltest besteht. Und wenn ein Tier *nicht* an dem Farbfleck kratzt, könnte es natürlich auch daran liegen, dass etwas mit dem Aufbau des Experiments nicht stimmt oder dass sich dieses spezielle Tier nicht für Spiegel und Spiegelbilder interessiert. Kohlmeisen, Blaumeisen und viele andere kleine Singvögel setzen sich jedoch manchmal selbst informellen Spiegeltests aus, die eher nicht dazu beitragen, sie als besonders schlaue Tiere zu bezeichnen. Es passiert meistens in der Brutzeit, weshalb wir vielleicht nachsichtig sein sollten, da die betreffenden Individuen von Raserei und Begehren verblendet sind. Kommen die Singvögel zu einem Spiegel, den jemand irgendwo abgestellt hat, oder einem stark spiegelnden Fenster oder dem Seitenspiegel eines Autos, greifen sie daraufhin ihr eigenes Spiegelbild an. Das kann stunden- oder tagelang so weitergehen. Immer wieder attackieren sie es.

Eine Meise sein

Im Schlaf habe ich oft geträumt, ich würde fliegen. Es muss etwas ganz Besonderes sein, mit eigener Muskelkraft durch die Lüfte zu manövrieren, sich schnell in drei Dimensionen zu bewegen, während man über und unter sich nach Gefahren und Möglichkeiten Ausschau hält. Man muss sicher auch ein Gespür für den Wind haben, ähnlich wie erfahrene Segler. Wenn ich wach bin, denke ich oft darüber nach, wie die Vögel wohl unsere Welt erleben. Es wird ja nicht unbedingt einfacher, sich das vorzustellen, wenn man liest, dass Meisen mehr Farben sehen als wir und viele Zugvögel die Kompassrichtung mit Hilfe eines eigenen magnetischen Sinns ermitteln.

Ich bin jedenfalls überzeugt, dass ein Vogel sich sehr erhaben fühlen muss. So weit vertraue ich meiner Intuition. Es fällt mir schwer, zu glauben, dass Sinneswahrnehmungen und Körpergefühl der Vögel nicht zu einem Gesamterlebnis ihrer Situation integriert werden. Ich gehe, anders gesagt, davon aus, dass Vögel, genauso wie wir, etwas besitzen, was Forscher und Philosophen als primäres oder phänomenales Bewusstsein bezeichnen. Das ist eine ziemlich weitverbreitete Annahme, obgleich es nicht wirklich eine Möglichkeit gibt, wissenschaftlich zu untersuchen, ob sie zutrifft. Jedenfalls noch nicht.

Was uns angeht, so enthält unser Bewusstsein ja weit mehr als das Erlebnis der Situation im Hier und Jetzt. Wir können alte und neue Eindrücke heranziehen und sie eingehender überdenken. Wir können uns Situationen vorstellen, die wir in der Realität nie erlebt haben, und Pläne schmieden, um sie zu erreichen oder auch nicht. Wir können daran denken, wer wir sind, was wir wissen und was wir nicht wissen, und uns an die Stelle anderer versetzen und uns vorstellen, wie die Welt aus ihrem Blickwinkel aussieht, was auch als Bewusstsein höherer Ordnung bezeichnet wird. Es dürfte jedem einleuchten, dass es mehr Organismen gibt, die ein primäres Bewusstsein haben (also ein Bewusstsein von der Situation, die man hier und jetzt erlebt), als Organismen, die unterschiedliche Formen eines Bewusstseins höherer Ordnung besitzen.

Es ist äußerst schwierig, zu ermitteln, welche Art von Bewusstsein Tiere haben. Wir erfahren tagtäglich, was es heißt, ein bewusster Mensch zu sein, und wir haben die Möglichkeit, über diese Erfahrung miteinander zu sprechen. Mit anderen Arten teilen weder wir noch jemand, mit dem wir sprechen können, diese Erfahrung.

Das Argument dafür, dass Tiere ein Bewusstsein haben, inklusive einiger Formen eines Bewusstseins höherer Ordnung, lautet grob gesagt: Bewusstsein entsteht als Folge der Aktivitäten von Nervenzellen im Gehirn. Die Gehirne anderer Tiere ähneln zu einem Gutteil unserem eigenen, und alle Gehirne sind durch den gleichen Prozess entstanden, den wir Evolution nennen. Deshalb erscheint es vollkommen logisch, Folgendes anzunehmen: Wenn

Tiere es schaffen, die gleichen mentalen Herausforderungen zu meistern wie Menschen – zum Beispiel, sich selbst in einem Spiegel zu erkennen –, dann geht damit eine ähnliche Form von Bewusstsein einher, die beim Menschen an die gleiche Fähigkeit geknüpft ist.

Das Problem ist nur, dass das menschliche Gehirn darüber hinaus vieles tut, was nie ins Bewusstsein dringt. Es ist im Prinzip denkbar, dass Tiere im Stande sind, schwierige Aufgaben zu lösen, ohne dass ihr Bewusstsein beteiligt ist, auch wenn dieser Einwand gelegentlich weit hergeholt erscheint. Je besser die Gehirnforscher verstehen, welche Muster von Aktivitäten im Gehirn mit einem Bewusstsein zusammenhängen, desto eher werden sie präzisere Antworten auf die Frage geben können, welche Art von Bewusstsein sich in gefiederten Köpfen befindet.

Wenn ich spazieren gehe, um eine kleine Pause von der Arbeit zu machen und wieder einen klaren Kopf zu bekommen, begegne ich manchmal Marianne Løvstad und ihrem Hund Spot. Als Marianne und ich noch studierten, nahm ich als Versuchsperson an einem Experiment teil, das sie durchführte. Mein Kopf war voller Elektroden und ich sollte auf einen Knopf drücken, sobald ich bestimmte Bilder auf dem Computerbildschirm vor mir sah. Heute arbeitet Marianne im Krankenhaus Sunnaas mit Patienten, deren Gehirn geschädigt ist, und erforscht weiter, wie das Gehirn arbeitet. Als Spot an einem schönen Septembertag auf mich zustürmt, an meinen Händen schnüffelt und derart mit dem Schwanz wedelt, dass sein ganzer Körper bebt, kommentiert Marianne, dass er im Hier und Jetzt lebt, im Grunde ohne einen Gedanken an Vergangenheit oder Zukunft. Es dürfte eher die Hundebesitzerin als die Neuropsychologin sein, die so spricht. Ich glaube nicht, dass Marianne spezielle Verhaltenstests an ihrem English Springer Spaniel durchgeführt oder sein Gehirn gescannt hat, auch wenn Letzteres ihr durchaus zuzutrauen wäre. Ihre Beobachtung dürfte vielmehr dem entsprechen, was die meisten, die einen Hund kennen, erleben.

Es besteht kein Grund zu der Annahme, dass sich Vogelarten in Bezug auf Bewusstsein und Intelligenz untereinander ähnlicher sind als Säugetiere. Ob Hunde, Katzen und Mäuse smarter sind als Meisen? Ich würde es nicht beschwören wollen. Schaut man aus dem Fenster und sucht Vögel, die mental etwas mit uns Menschen gemeinsam haben, sollte man trotzdem vor allem nach Krähen und Elstern Ausschau halten.

Bleiben oder ziehen

Ein Starenschwarm zeichnet dreidimensionale Figuren. Jeder Vogel ist eine kleine, schwarze Silhouette vor dem hellgrauen Herbsthimmel und gemeinsam bilden sie Formen, die Tropfen, Felsgebilden oder Eiern gleichen. Die Gebilde leben, sie krümmen sich nach innen, wölben sich nach außen, zerstreuen sich in alle Himmelsrichtungen und sammeln sich wieder.

Es ist ein feuchtnasser Oktobertag. Ich habe im Osloer Munch-Museum Schutz vor den Regenböen gesucht. Inzwischen hat der Regen nachgelassen und durch die hohen Glasfronten des Museumscafés sehe ich einen der letzten Starenschwärme, die über der Brachfläche, auf der gelegentlich ein Zirkus gastiert, komplizierte Manöver durchführen. Es mögen vielleicht hundert Vögel sein. Ihre Darbietung ist durchaus gelungen, aber nur eine bescheidene Skizze im Vergleich zu den Mustern, die wirklich große Starenschwärme hervorbringen können.

In den hohen Bäumen entlang des Zauns zum Botanischen Garten sitzen etwa zehn Bergfinken, die von ihren Nistplätzen im Gebirgsbirkenwald hierher gezogen sind. Mit der Zeit werden sie wahrscheinlich weiter Richtung Süden reisen. Im Herbst und Winter verteilen sich die norwegischen Bergfinken auf weite Teile Westeuropas.

Die meisten Vögel, die in Norwegen nisten, ziehen im Herbst.

Manche fliegen nur zur Küste oder streifen auf Futtersuche durch Skandinavien. Andere ziehen in weiter südlich gelegene Teile Europas, so verschlägt es den Star beispielsweise oft nach England oder in den Nordwesten Frankreichs. Wieder andere Vögel ziehen in die Mittelmeerregionen oder durchqueren die Sahara, um die afrikanischen Tropengebiete zu erreichen.

Zugvögel, jedenfalls alle, die so weit fliegen, sichern sich einen ungebrochenen Zugang zur von ihnen bevorzugten Nahrung. Kleine Afrikareisende wie Fitisse und Fliegenschnäpper sind übers Jahr vor allem Insektenjäger. Kohl- und Blaumeisen wählen dagegen eine andere und flexiblere Strategie. Viele bleiben an ihren Nistplätzen. Manche ziehen ein wenig, um den Winter an einem Ort zu verbringen, der mehr Nahrung verspricht, aber nur eine kleine Minderheit der norwegischen Kohl- und Blaumeisen verlässt das Land. Stattdessen stellen beide Arten im Herbst ihre Ernährung um, von Insekten und Spinnen im Sommerhalbjahr auf einen Löwenanteil an pflanzlicher Nahrung, darunter Samen, Nüsse, Beeren und sogar Birkenkätzchen. Die proteinreichen Kleininsekten sind notwendig, um den Körper, das Gefieder zu stärken und Nachwuchs zu produzieren, im Winter kommt es dagegen in erster Linie darauf an, sich genügend Kalorien aus zugänglichen Nahrungsquellen zu sichern. Kleine Körper verlieren reichlich Wärme. Wenn es kalt ist, verbrauchen warmblütige Tiere wie Vögel deshalb viel Energie, um sich warmzuhalten. Nicht zuletzt die Samen einiger Baumarten sind für die Meisen eine wichtige Winternahrung, angefangen bei den kleinen Fichten- und Birkensamen bis zu Haselnüssen, Eicheln und Bucheckern, je nachdem, was es gerade gibt. Das Nahrungsdepot, das eigentlich eine sprießende Pflanze am Leben erhalten soll, hilft so stattdessen Vögeln durch die kalte Jahreszeit. Heute sind Sonnenblumenkerne und anderes Vogelfutter, das die Menschen ihnen anbieten, wichtige Winternahrung für die gelben Meisen.

Selbst im Winterhalbjahr treiben die Meisen auch noch Insekten und Spinnen auf. Sie suchen in den Spalten der Bäume und unter der Baumrinde nach überwinterndem Getier. Wie ein Handwerker auf der Suche nach Nagelleisten unter der Verkleidung klopfen sie die Wand ab, picken sie prüfend auf Zapfen, Nüssen und hohlen Schilfhalmen herum, um zu hören, wo die Larven sich verstecken.

Die Kohlmeise, deren norwegischer Name *kjøttmeis* wörtlich übersetzt Fleischmeise ist, hat, wie dieser Name andeutet, manchmal auch Solideres auf dem Winterspeiseplan, was den Menschen in großen Teilen Skandinaviens nicht entgangen ist. Ihr schwedischer Name *talgoxe* weist in die gleiche Richtung, denn Talg ist tierisches Fett.

Die Assoziation zu Fleisch und Talg stammt aus einer Zeit, in der es noch üblicher war, Tiere daheim zu schlachten und zu zerteilen und das Fleisch für den eigenen Gebrauch zu lagern. »Wie der Name bereits andeutet, ist sie sehr erpicht auf Fleisch und Talg, beides sammelt sie rund um die Häuser und pickt es häufig von den Tierhäuten ab, die zum Trocknen in den Böden der Scheunen hängen. Hat sie im Spätherbst oder Winter, wenn der Vorrat an Nahrung im Wald nicht immer groß ist, den Weg zu einem Talgvorrat in einer Scheune gefunden, lässt sie sich nicht so leicht verscheuchen, sondern kehrt durch ihr Zugangsloch zurück, sobald wieder Ruhe eingekehrt ist. Oft sieht man auch, dass sie Kadavern Besuche abstattet«, heißt es in *Die Vögel Norwegens* von 1921.

Auch Kohlmeisen, die tief im Wald leben, können sich tote Säugetiere zunutze machen. Eine Studie zum Aas toter Waldtiere im mächtigen Wald des Białowieża-Nationalparks im Osten Polens erwähnt jedenfalls die Kohlmeise als eine der Arten, die sich an den dortigen Kadavern gütlich taten. Die Meisen tauchten so gut wie nie auf, wenn der Erdboden schneefrei war. Je höher die Schneedecke war, desto öfter beobachteten die Forscher jedoch »Fleischmeisen«, die diesem Namen alle Ehre machten. Even Hønsen Agerup, ein junger Naturfotograf von Nesodden, erzählt, wenn er im Wald Tierkadaver als Köder auslegt, um Bilder von Raubtieren und Raubvögeln zu machen, bediente die kleine

Haubenmeise sich eifrig. Sie verschlinge fast mehr Fleisch als der Habicht! Kohlmeisen sind Even an den Ködern dagegen nicht aufgefallen. Vielleicht sind Sonnenblumenkerne und Meisenknödel eine verführerischere Alternative für Kohlmeisen, die es nicht weit zu Wohngebieten haben.

Häufig liest man, dass Kohlmeisen gelegentlich andere Kleinvögel töten und fressen, vor allem das nährstoffreiche Gehirn. Charles Darwin behauptete, es sei üblich, dass Kohlmeisen andere Vögel tothackten. Russische Ornithologen, die Netze für die Beringung von Vögeln aufspannten, erlebten in den achtziger Jahren, dass Kohlmeisen andere Vögel angriffen, die sich in den Netzen verfangen hatten, und deren Gehirn und Augen verspeisten. Christopher Perrins erwähnt eine britische Kohlmeise, die ein Wintergoldhähnchen tötete, Europas kleinsten Vogel, und mit ihm in den Krallen davonflog wie ein Habicht. Svein Haftorn erwähnt eine andere Episode, laut der eine norwegische Kohlmeise ein Wintergoldhähnchen tötete und das Gehirn fraß. Haftorn kommentiert, dies geschehe bevorzugt dort, wo die Vögel in Käfigen gefangen seien, »in der Natur ist dies sicher äußerst ungewöhnlich«.

Manche Meisen haben sich jedoch angewöhnt, recht große Tiere zu töten und zu fressen. So haben Kohlmeisen in Ungarn gelernt, Fledermäuse aufzuspüren, die in den Felsspalten in der Decke und den Wänden einer großen Höhle überwintern. Die Meisen folgen den hohen Pfeiftönen, die Fledermäuse von sich geben, wenn sie aus der Winterruhe erwachen. Je nachdem, wie gründlich die Kohlmeisen sind, fressen sie das Gehirn, die Muskeln und die Eingeweide der Fledermäuse. Das Opfer, das wahrscheinlich noch reichlich benebelt ist, wird zum Höhlenboden oder zu einem Stein oder Baum in der Nähe gebracht. Das Tier lebt noch, wenn die Meisen beginnen, Futterhappen aus Kopf, Bauch oder Rücken zu picken. Auch in Polen greift die Kohlmeise Fledermäuse an, aus Schweden hat man ebenfalls von solch einem Fall gehört.

Die Kohlmeisen schleifen im Herbst ihren Schnabel nicht, wie sie es im Frühjahr taten. Nun darf der Schnabel ruhig dicker und solider werden. Es ist wahrscheinlich eine Anpassung an die Winternahrung mit Nüssen und Samen, die in harte Schalen eingekapselt sind. In unserem Garten sind Sonnenblumenkerne und Meisenknödel im Herbst schnell fort. Die Vögel nehmen zu. Wenn es richtig kalt wird, benötigen sie größere Fettreserven. Die Meisenmännchen sind zu einem bestimmten Zeitpunkt im Winter am schwersten, die Weibchen werden sogar noch schwerer, wenn sie Eier produzieren und wiegen dann manchmal für kurze Zeit mehr als die Männchen.

Im gemischten Trupp

Im Herbst und im Verlauf des Winters trifft man Meisen häufig in gemischten Trupps aus mehreren Vogelarten an. Sie sammeln sich nicht nur dort, wo es Nahrung gibt, sondern bleiben auch zusammen, wenn sie sich von Baum zu Baum weiterbewegen. Die Vögel verständigen sich mit leisen Rufen darüber, wo sie sind. Jeder einzelne Vogel macht sich zunutze, dass die anderen Ausschau nach Feinden wie Habichten und Katzen halten, und wieder andere finden heraus, wo es Futter gibt. Gleichzeitig konkurrieren die Vögel untereinander um die Nahrung, aber in gemischten Trupps hat die Konkurrenz häufig etwas andere Essgewohnheiten. In unserer Gegend fliegen meist Kleiber, Kohl- und Blaumeisen zusammen.

Die Jungmeisen schließen sich bereits zu losen Schwärmen zusammen, nachdem sie sich im Sommer von ihren Eltern getrennt haben. Selbst wenn die Jungvögel mehrerer Arten gemeinsam umherstreifen, haben die Vögel derselben Art ein bedeutend intensiveres Verhältnis zueinander. Unter ihnen kommt es zu Raufereien und Konkurrenzkämpfen, wodurch innerhalb des Trupps eine Rangordnung entsteht. Die einzelnen Mitglieder wissen, wem sie Platz machen müssen und wen sie in der Essensschlange auf die Plätze hinter sich verweisen können. Einige werden mit der Zeit aus dem Trupp verdrängt, fliegen davon und versuchen, sich woanders einem neuen Trupp anzuschließen. Die Vögel, die am unteren Ende der Rangordnung landen, sind eher geneigt, das Gebiet zu verlassen, in dem sie aufwuchsen. Das könnte einer der Gründe dafür sein, dass junge Weibchen, die den größeren Männchen normalerweise unterlegen sind, sich oft weit von ihrem Geburtsort entfernen. Außerdem sterben viele Meisen in den ersten Wochen, nachdem sie flügge geworden sind, und weitere Vögel kommen im Laufe von Herbst und Winter um. Eine simple Berechnung ergibt, dass die meisten Meisen offenbar im ersten Lebensjahr sterben, noch ehe sie die Chance erhalten, sich fortzupflanzen. Der Bestand an Meisen vervielfacht sich, wenn die Jungvögel schlüpfen. Würden alle überleben und eigene Junge bekommen, wäre Norwegen innerhalb weniger Jahren von Meisen überflutet.

Gibt es viel Nahrung, bleiben die ausgewachsenen Vögel, die bereits eine Brutzeit durchlebt haben, den Winter über am liebsten in ihren Revieren oder deren Nähe. In Teilen Europas sind die Winter so mild, dass Meisen, die in einem bestimmten Territorium etabliert sind, selten größere Strecken zurücklegen müssen. Vor den Toren Oxfords, so fanden Meisenforscher heraus, unternimmt ein Teil der Jungmeisen eines Jahrgangs Vorstöße, um sich schon im September ein eigenes Revier zu sichern, so dass die Aktivitäten von Gesang und Grenzverteidigung Anfang des Herbstes auch unter den ausgewachsenen Tieren wieder zunehmen. Und wenn später im Herbst eine Phase mit milderem Wetter einsetzt, kann man da, wo Meisen in ihren Revieren geblieben sind, erneut Meisengesang hören.

Wenn es kälter wird, schließen sich häufig jedoch auch die älteren Revierbesitzer in Trupps zusammen. In der Kälte benötigen die Meisen mehr Nahrung, um sich warm zu halten, und müssen darum möglichst effektiv suchen. In einem Trupp muss eine Meise nicht ganz so wachsam sein und kann sich stattdessen intensiver der Nahrungssuche widmen. Für Meisen, die mit einem Trupp in der unmittelbaren Umgebung des eigenen Reviers umherstreifen, gilt eine spezielle Regel: Sie werden sozial dominanter – dürfen sich beispielsweise häufiger als Erste an Sonnenblumenkernen oder Meisenknödeln bedienen –, je näher sie dem Kerngebiet ihres eigenen Reviers kommen. Diese Regel gilt selbst in Phasen, in denen sich keiner darum schert, andere Meisen aus seinem Revier fernzuhalten.

Manche ausgewachsenen Kohl- und Blaumeisen verlassen ihr Revier ganz und fliegen weit weg, um sich im Winter genügend Nahrung zu sichern. So ziehen sie beispielsweise aus Waldgebieten in Siedlungen, deren Bewohner die Vögel füttern, oder suchen sogar andere Landesteile auf, in denen sie reichlich Samen oder Nüsse finden. Im Frühjahr kehren sie dann oft zu dem Gebiet zurück, in dem sie geboren wurden oder zuletzt gebrütet haben. Wenn sie ihr Revier verlassen, gibt es jedoch keine Garantie dafür, dass es bei ihrer Rückkehr noch frei ist.

Was mit den Paarbeziehungen geschieht, wenn sie aus ihrem Revier davonfliegen, ist unklar. Im *Norwegischen Wintervogelatlas* liest man, dass die Paare sich trennen, wenn sie sich im Winter Trupps anschließen, im nächsten Frühjahr aber häufig wieder im selben Revier zusammenfinden. Christopher Perrins beschreibt dagegen, dass britische Kohl- und Blaumeisen, die als Teil eines Trupps umherstreifen, gelegentlich als Paar zusammenbleiben. In diesem Fall verteidigen die Kohlmeisenmännchen ein kleines Areal rund um das Weibchen, solange sie umherziehen, selbst wenn sie sich nicht in ihrem festen Revier aufhalten.

Die beiden Meisenarten mit gelber Brust folgen unterschiedlichen Zugmustern. Bei der Kohlmeise lässt sich kein System dafür erkennen, wohin die Vögel wandern, wenn sie sich entschließen, im Herbst zu ziehen. Sie fliegen in alle Himmelsrichtungen und überwintern, wo sie Nahrung finden. Die Blaumeise hat dagegen feste Zugrouten, denen Tausende Vögel folgen. In der Vogelstation Lista westlich der Südspitze Norwegens, wo Zugvögel gefangen, registriert und beringt werden, ehe sie weiterfliegen dürfen, landen alljährlich im September und Oktober viele hundert Blaumeisen in den Netzen. Es sind in der Hauptsache Jungvögel, die im selben Jahr geboren wurden, und in der Mehrzahl Weibchen. Manche von ihnen kommen aus dem weit entfernten Südostnorwegen. Die Blaumeisen ziehen entlang der Küste Südnorwegens und nach Südwest- und Westnorwegen hinauf. Vögel aus Südwestnorwegen werden häufig in nördlicher Richtung entlang der Westküste wiedergefunden. Eine Reihe von Blaumeisen aus den Gebieten östlich des Oslofjords zieht durch Ostnorwegen Richtung Süden, manche setzen ihren Zug entlang der schwedischen Westküste fort. Unser Wissen über den Vogelzug basiert auf der Beringung von Vögeln an Vogelstationen und andernorts durch den Einsatz von Freiwilligen, die einen Kurs absolviert und anschließend die Erlaubnis erhalten haben, Vögel zu fangen und zu beringen. Da weiter nördlich im Land wesentlich weniger Blaumeisen beringt werden, ist es dort schwieriger, in Erfahrung zu bringen, wie sie ziehen. In der Regel vermeiden die Blaumeisen, das Meer zu überqueren, aber manche tun es offenbar doch. In Norwegen beringte Blaumeisen wurden jedenfalls in Dänemark, den Niederlanden, auf den Shetland-Inseln sowie auf Ölbohrinseln in der Nordsee wiedergefunden.

In Schweden hat man den Blaumeisenzug etwas detaillierter erforscht und herausgefunden, dass Blaumeisen am liebsten in südwestliche Richtung ziehen. Sie bewegen sich langsam und oft nur zehn, zwanzig Kilometer weit. Schwedische Blaumeisen ziehen ungefähr gleich weit, unabhängig davon, wo sie starten. Ziehende Blaumeisen verbringen den Winter deshalb nicht selten in Gebieten, aus denen andere Blaumeisen fortgezogen sind. Im Frühjahr ziehen sie dann in die entgegengesetzte Richtung, aber manche beschließen auch, sich an einem der Orte niederzulassen, die sie auf ihrem Zug besuchen.

Die schwedischen Wissenschaftler haben außerdem untersucht, ob es einen Unterschied zwischen Blaumeisen gibt, die ziehen, und jenen, die bleiben, und es gibt tatsächlich einen. Die Forscher führten mit ortsansässigen und ziehenden Blaumeisen jenen Rosaroter-Panther-Test durch, der auch benutzt wird, um die Persönlichkeit von Kohlmeisen zu testen. Ziehende Blaumeisen näherten sich schneller dem unbekannten Gegenstand im Käfig – sie sind mit anderen Worten wagemutigere Gesellen.

Haubenmeise

Überleben

In diesem Herbst sitze ich die meiste Zeit daheim und schreibe. An schönen Tagen mit roten und orangen Ahornblättern vor einem kühlblauen Himmel mache ich manchmal eine Pause und fahre mit dem Rad zum Wald hinauf. Auf einem meiner Ausflüge läuft auf einem Ast ein Eichhörnchen quer über den Waldweg. Ich bremse und setze die Füße auf den Erdboden, um es mir anzuschauen. Das Eichhörnchen hält ebenfalls inne und bleibt schaukelnd sitzen. Es schlägt mit schneidender Stimme Alarm, aber das Geräusch wird von einer großen Nuss gedämpft, die das Eichhörnchen zwischen den Zähnen hält, es hat offensichtlich keine Zeit, sie in die Pfoten zu nehmen, damit seine Stimme besser trägt. Die Nuss soll bestimmt als Teil des Wintervorrats versteckt werden. Im Wald ist um diese Zeit viel los.

An einem sonnigen Oktobertag kette ich das Fahrrad an einen Baum und entferne mich auf einem Pfad zwischen den Fichten, der mit gelben Birkenblättern und braunen Eichenblättern übersät ist. Hundert Meter weiter landet nur ein paar Meter vor mir lautlos ein Eichelhäher in einer Pappel, legt den Kopf schief und fliegt tief über den Pfad. Kurz darauf kommt erneut ein Eichelhäher auf der gleichen Route und ich habe das Gefühl, dass es derselbe Vogel ist, der hinter meinem Rücken eine Runde gedreht hat. Eichelhäher scheinen geradezu besessen davon zu sein, Menschen und Tiere zu verwirren. Sie sind bekannt für ihre Imitationen, nicht zuletzt des Habichtrufs, den die Eichelhäher und viele andere im Wald so fürchten. Auch ich habe mich schon einmal täuschen lassen und bin eine steile Böschung hinaufgeklettert, um ins Visier zu nehmen, was ich für einen Habicht oder Bussard hielt. Eichelhäher sind Rabenvögel, verwandt mit Elstern und Krähen, aber bunter, größtenteils rotbraun, aber auch mit blauen, schwarzen und weißen Federn geschmückt. Jetzt, im Herbst, höre ich in der Ferne auf fast jedem Waldspaziergang ihr Spektakel.

Eichelhäher machen es wie die Eichhörnchen: Sie lagern Nahrung. Eicheln und Haselnüsse, die sie im Herbst vergraben, können im Winter verspeist oder im Frühjahr zur Fütterung der Jungen benutzt werden. Eichelhäher plündern zudem die Lager ihrer Artgenossen und spionieren sich gegenseitig nach, um herauszufinden, wo das Futter hinkommt. Verständlicherweise versuchen sie zu vermeiden, dass die Nachbarn sehen oder hören, wo sie ihre Nüsse verbergen.

Hier oben im Wald leben mehrere Meisenarten, Cousins der Kohl- und Blaumeisen, die selten so weit in besiedeltes Gebiet hinabfliegen, dass sie unser Haus erreichen. Mein Liebling ist die Haubenmeise. Sie hat eine schicke Federhaube auf dem Kopf, die sie je nachdem aufrichten oder nach hinten legen kann.

Weidenmeisen und Sumpfmeisen bevorzugen – wie ihre Namen bereits andeuten – unterschiedliches Terrain, sehen sich aber relativ ähnlich. Den Unterschied zu erkennen erfordert etwas Übung. Das Kleid der Sumpfmeise ist brauner, das der Weidenmeise grauer, aber leichter ist es, sie anhand ihrer Rufe zu unterscheiden, denn sie klingen ganz unterschiedlich.

Die Tannenmeise ist die winzigste aller Meisen und ähnelt einer kleinen, farblosen Kohlmeise. Ein weißer Fleck im Nacken ist das sicherste Erkennungsmerkmal.

All diese im Wald lebenden Meisen sind relativ schlicht gefärbt. Ihr Federkleid ist schwarz, weiß, grau und braun. Wir wollen sie im Unterschied zu den beiden gelben Meisenarten in unserem

Garten die schwarzweißen Meisen nennen. Diese schwarzweißen Meisenarten sind sesshaftere Vögel als die gelben und bleiben meist ganzjährig in ihrem Revier. Aus diesem Grund trifft man sie in Wohngebieten seltener an. Besonders scheu sind sie jedoch nicht. Die Tannenmeise neigt eher zum Ziehen als die anderen schwarzweißen Meisen. In der Regel bleibt auch sie daheim, aber in manchen Jahren gehen massenhaft Tannenmeisen auf Wanderschaft. In diesem Herbst konnte man ziemlich große Schwärme an der Spitze von Nesodden sehen, die sich anschickten, den Fjord zu überqueren.

Die schwarzweißen Meisen sind so ortsgebunden, weil sie sich des gleichen Tricks bedienen wie die Eichhörnchen und Eichelhäher. Sie hamstern Futter.

Im Laufe des Sommerhalbjahres verstecken die schwarzweißen Meisen Samen, Insekten oder anderes Essbares als Nahrungsreserve für den Winter. Jede Meise lagert in dieser Weise ungefähr 50 000 Essensportionen pro Jahr. Ich wiederhole, fünfzigtausend. Sie werden einzeln in den Bäumen verborgen. Der Rekord stammt aus kalten Regionen Russlands, wo Forscher Weidenmeisen und Lapplandmeisen (ein weiterer Verwandter, der auch in manchen Teilen Norwegens vorkommt) registriert haben, die jede etwa eine halbe Million Fichtensamen lagerten. Dies ereignete sich in einem Jahr, in dem es reichlich reife Zapfen gab.

Jede Art hat ihre eigenen Tricks. Die Tannenmeise deckt das Futter mit kleinen Rindenstücken ab, die sie mit klebrigem Speichel an den Ästen festleimt. Sumpf- und Weidenmeise verbergen die Nahrung oft in Rindenspalten am Stamm und den Ästen. Allen Nahrung lagernden Meisen gemeinsam ist dagegen die Prozedur nach dem Ablegen des Futters. Der Vogel dreht den Kopf und betrachtet mit einem Auge die Stelle, an der er Essbares versteckt hat. Wahrscheinlich prägt er sich so den Punkt ein, um leichter zu ihm zurückzufinden. Wie die Eichelhäher plündern auch die Meisen gegenseitig ihre Vorräte, wenn sich ihnen die Chance dazu bietet. Sie versuchen, möglichst nicht gesehen zu werden, wenn sie die

Nahrung verstecken. So halten es jedenfalls nordamerikanische Verwandte der Sumpf- und Weidenmeisen, die von Forschern getestet wurden.

Im Verlauf der Winter schließen sich die schwarzweißen Meisen gern zu gemischten Trupps zusammen, folgen der Prozession normalerweise allerdings nur so weit, wie sich ihr Revier erstreckt. Ein typischer gemischter Wintertrupp auf Futtersuche im Fichtenwald kann so aussehen: Einige Tannenmeisen suchen in der Fichtenrinde auf den äußersten Zweigen und im Baumwipfel. Die Haubenmeisen sind vor allem in der Mitte der Äste aktiv. An den Baumstämmen und den inneren, nadelfreien Teilen der Äste suchen die Weidenmeisen. Jede der drei Arten hat Futter in der Zone verborgen, in der sie selbst bevorzugt sucht. Außer den Meisen gehören oft winzige Wintergoldhähnchen zu diesen Waldtrupps, die sich ganz außen auf den Zweigspitzen bewegen, sowie Baumläufer, die ihrem Namen alle Ehre machen, denn sie laufen ganz dicht am Baumstamm und pflücken mit ihrem spitzen, gebogenen Schnabel Insekten aus ihm heraus.

Im Wald auf Nesodden wachsen abwechselnd Fichten, Kiefern und viele verschiedene Laubbäume. Die Menschen sind nie weit entfernt. Hier begegnet man in den gemischten Waldtrupps auch Blaumeisen, Kohlmeisen und Kleibern. Die Kohlmeise bewegt sich im Winter häufig in flacherem Gelände, die Blaumeise in höheren Regionen, auch wenn die Einteilung in verschiedene Zonen für jede Art in der Realität nicht immer so geordnet aussieht, wie man es anhand der Fachliteratur annehmen könnte. Die Verteilung des Terrains zwischen den diversen Meisenarten hat nur teilweise damit zu tun, dass sie unterschiedliche Nahrung und Teile der Waldlandschaft bevorzugen. Sie ist auch ein Ergebnis der Konkurrenz. Fehlt eine Meisenart in der Gegend, weitet eine andere Meise häufig ihre eigene Zone aus.

Kohl- und Blaumeisen lagern kein Futter, aber die Kohlmeise plündert den Wintervorrat anderer, wenn sich die Chance dazu ergibt. Schwedische Forscher haben festgestellt, dass Kohlmeisen Sonnenblumenkerne fanden, die Sumpf- und Weidenmeisen rund um einen Futterspender versteckt hatten. Um zu testen, wie raffiniert die plündernden Kohlmeisen vorgingen, fingen sie Sumpf und Kohlmeisen ein und führten ein Experiment durch. Die Kohlmeisen durften zuschauen, als eine Sumpfmeise in einem großen Raum Sonnenblumenkerne in künstlichen Bäumen verbarg. Später wurden die Kohlmeisen in diesen Raum gelassen und durften sich an den Kernen gütlich tun, die sie fanden. Wie sich herausstellte, wussten die Kohlmeisen, wo die Sumpfmeise ihre Kerne versteckt hatte, obwohl ein ganzer Tag vergangen war, seit sie beobachtet hatten, wie sie versteckt wurden.

Wenn ein gemischter Trupp von Kleinvögeln den Waldweg auf Nesodden kreuzt, gehören oft Wintergoldhähnchen und Kohlmeisen dazu. Obwohl man Berichte über die Tötung von Wintergoldhähnchen durch Kohlmeisen findet, scheint Norwegens kleinster Vogel nicht in ständiger Angst vor der größten aller Meisen zu leben. Allerdings fliegen sie häufig höher als die Kohlmeise. Das dürfte das Risiko eines Angriffs reduzieren, falls die Kohlmeise ihn überhaupt in Erwägung ziehen sollte.

Das Wintergoldhähnchen, Europas kleinster Vogel, erweckt den Eindruck, sein Leben in doppelter Geschwindigkeit zu führen. Es saust von Zweig zu Zweig und hält oft in der Luft inne, um nach Getier zwischen den Nadeln zu schauen, sich dabei auf zitternden Flügeln oben haltend. Seine Pfiffe sind so hoch, dass unsere Ohren sie unter Umständen nicht mehr registrieren, wenn wir älter werden. Dann dürfte es ziemlich schwierig werden, Wintergoldhähnchen in den Baumwipfeln zu entdecken. Bis dahin ist und bleibt es eine der Arten, die ich im Wald am häufigsten sehe, wenn die Zugvögel fort sind.

Weidenmeise

Tannenmeise

Sumpfmeise

Lapplandmeise

Anfang November wird auf dem Nachbargrundstück Richtfest gefeiert. Wo im Frühjahr ein Krater war, steht nun ein fast fertiges Haus. Zwei weitere sind in Arbeit. Sie werden eng nebeneinander gebaut. So ist es im Großraum Oslo üblich, viele ziehen hierher. In derselben Woche taucht eine beunruhigende Nachricht auf dem Computerbildschirm auf. Es leben weniger Vögel in Europa als in meiner Kindheit. Viel weniger. Forscher schätzen, dass sich die Zahl der Vögel seit 1980 um 421 Millionen verringert hat. Innerhalb von dreißig Jahren ist ein Fünftel des gesamten Vogelbestands verschwunden.

Allerdings sind es nicht die seltenen Arten, deren Zahl sich reduziert. Im Gegenteil, viele von ihnen haben sich durch den Schutz ihres Lebensraums und andere Maßnahmen, die ihr Aussterben verhindern sollten, sogar vermehrt, was zweifellos ein Lichtblick ist. Viele der am weitesten verbreiteten Arten leiden jedoch. Es sind die Vögel, die an vielen Orten leben und davon betroffen sind, wie die Landschaft sich insgesamt verändert. So sind die Zahlen für Stare und Spatzen stark rückläufig. Auch Fitisse gibt es immer weniger.

Gründe für diesen Niedergang gibt es sicher mehrere. Die einzelnen Arten haben unterschiedliche Bedürfnisse, deshalb hat jede ihre eigene Geschichte, aber viele der Vogelarten, die am stärksten rückläufig sind, leben in einem engen Kontakt zur Kulturlandschaft wie zum Beispiel die Goldammer und der Kiebitz. Tausende von Jahren war Europa von Landwirtschaft geprägt und viele Vögel haben sich auf den Äckern und Wiesen wohl gefühlt. Die Umstellung auf eine intensivere Nutzung der Flächen führt zwar zu größeren Ernteerträgen, aber gleichzeitig ist für Vögel nicht mehr so viel Platz wie früher.

Die Zahlen für die europäischen Vögel sind nur ein kleiner Ausschnitt aus einem größeren Bild. Je mehr Menschen es gibt und je wohlhabender sie im Durchschnitt werden, desto weniger wilde Tiere leben auf der Erde. In einem Bericht des WWF heißt es, die Zahl der wildlebenden Wirbeltiere – inklusive Fische, Amphibien, Reptilien, Säugetiere und Vögel – habe sich seit 1970 halbiert. Gemeint ist die Zahl der Individuen, nicht die Zahl der Arten. Wenn das stimmt, hat sich die Zahl der wildlebenden Tiere auf dem Globus also in meiner Lebensspanne halbiert. Am gravierendsten sind die Veränderungen in den tropischen Gebieten. Dort verändert sich die Landschaft am stärksten. Zu den Tropen gehören außerdem die artenreichsten Gebiete. Auch wenn wir es in Europa nicht so deutlich wahrnehmen, stehen wir mitten in einer Epoche der dramatischen Ausrottung von Arten. Manche sagen, wir seien auf dem Weg in »die sechste große Ausrottung« in der Geschichte des Lebens auf der Erde. Die vorige, fünfte, fand vor sechsundsechzig Millionen Jahren statt, als unter anderem die Dinosaurier ausstarben.

Das Ganze ist so deprimierend, dass ich aus Rücksicht auf meine Laune nicht selten darauf verzichte, diese Dinge zu lesen. Andererseits finde ich, dass man sich auf dem Laufenden halten muss. Glücklicherweise spenden die Meisen vor dem Fenster Trost, denn Kohl- und Blaumeisen gehören zu den Ausnahmen unter den Vögeln Europas. Sie waren schon immer zahlreich vertreten, und nun berichten die Wissenschaftler, dass sie sich seit 1980 vermehrt haben – von den Blaumeisen gibt es sogar deutlich mehr als früher.

Ein wichtiges Element im Erfolgsrezept der gelben Meisen ist die Tatsache, dass sie sich rasch an das Leben in der Nähe des Menschen anpassen. Sie machen sich den Brauch zunutze, Nistkästen aufzuhängen. Sie sind furchtlos, vielseitig und fressen fast alles. Da sie keine Nahrung lagern wie die schwarzweißen Meisen, sind sie im Winter auch nicht an ihr Revier gebunden. Dadurch können sie leichter Futterstellen aufsuchen.

Im kalten Norwegen ist die Winterfütterung für die Kohl- und Blaumeisen wichtig. Es leben ganz sicher mehr von ihnen in unserem Land, als es ohne die Tonnen von Vogelfutter der Fall

wäre, das ihnen jeden Winter in Gärten und auf Balkonen angeboten werden. Vielerorts ziehen die gelben Meisen aus dem Wald
in bewohnte Gebiete, wenn es kalt wird. Im äußersten Norden nisten die Meisen so gut wie immer in der Nähe von Siedlungen und
die Winterfütterung scheint ihnen geholfen zu haben, sich neue
Lebensräume zu erschließen. Die Kohlmeise hat sich Mitte des
letzten Jahrhunderts in den beiden nördlichsten Provinzen Norwegens, Troms und Finnmark, etabliert. Die Blaumeise nistete zuvor schon in der südlich von ihnen gelegenen Provinz Nordland,
ein wenig unklar ist, wie weit nördlich in dieser Provinz. Seit der
Jahrtausendwende gibt es eine Reihe von Berichten über Blaumeisen in Nistkästen in der Finnmark, sowohl am Altafjord und Varan-
gerfjord als auch in Pasvik. Auch in Schweden und Finnland hat die
Blaumeise sich in nördliche Richtung ausgebreitet.

Zu viel Vogelfutter?

Der Vormarsch der Kohlmeise könnte eine schlechte Nachricht
für die seltenste der norwegischen Meisen sein, die Lapplandmeise. Sie ist eine Verwandte von Weiden- und Sumpfmeise und
lebt verteilt auf riesige Gebiete mit nordischem Tannenwald vom
Nordwesten Kanadas und Alaskas, durch die nördlichen Teile
Russlands bis Skandinavien. Die Lapplandmeise lagert Wintervor-
räte wie ihre Verwandten, ist aber auf das Leben im Binnenland
mit besonders harten Wintern spezialisiert. Wenn sie während der
langen, dunklen Winternächte ruht, kann sie ihre Körpertemperatur bis auf zehn Grad absenken, um Energie zu sparen. Tiere,
die sich an solche kalten, nördlichen Lebensräume angepasst haben, sind angesichts der Erderwärmung bedroht. Sie laufen Gefahr,
dass sich ihr bevorzugter Lebensraum rasch nach Norden und ins
Hochgebirge verschiebt und irgendwann ganz verschwindet.

In Norwegen lebt die Lapplandmeise am äußersten Rand ihres Verbreitungsgebiets. Man findet sie vor allem im Norden, in der Finnmark, aber ein kleiner Bestand lebt auch in Südnorwegen, konzentriert in einigen Waldgebieten im Norden der Provinz Hedmark und ein wenig auch über die Provinzgrenzen zu Oppland und Sør-Trøndelag hinaus. Hier hat sich die Zahl der nistenden Lapplandmeisen von etwa tausend Paaren in den siebziger Jahren auf derzeit ungefähr hundert Paare reduziert. Ellen Tove Andreassen dokumentierte diese Lapplandmeisen kürzlich in einer Masterarbeit in Naturverwaltung. Sie schreibt, dass der Rückgang einer Kombination aus der Abholzung alten Walds, in dem sich die Lapplandmeise wohl fühlt, und der Konkurrenz durch Weiden- und Kohlmeise geschuldet sein könnte. Diese beiden Arten treten nämlich in den Gebieten, in denen die Lapplandmeisen weniger werden, vermehrt auf. Vor allem die große und kräftige Kohlmeise ist ein gefährlicher Konkurrent um die Nisthöhlen im Kiefernwald, in denen die Lapplandmeise gerne nistet. Die Winterfütterung führt wahrscheinlich dazu, dass im Frühjahr mehr Kohlmeisen vor Ort sind und Anspruch auf alte Spechthöhlen erheben. Außerdem könnten mildere Winter dazu beitragen, dass die Kohlmeise sich in der Heimat der Lapplandmeise mehr Geltung verschafft.

Andreassen schlägt deshalb vor, die Bevölkerung in den südnorwegischen Lapplandmeisengebieten aufzufordern, keine Kohlmeisen mehr zu füttern. Vielleicht sollte man auch vermeiden, Nistkästen in dichtbesiedelten Gebieten nahe des Lebensraums der Lapplandmeise aufzuhängen, da sie in erster Linie den Kohlmeisen zugutekommen. Andreassen diskutiert sogar, ob man an manchen Orten Kohlmeisen schießen soll, um die Lapplandmeise zu schützen. All das dürfte, schreibt sie, allerdings nur schwer durchzusetzen sein. Die Menschen mögen Kohlmeisen und lieben es, von Vögeln umgeben zu sein. Weniger kontroverse Vorschläge lauten, im Kiefernwald Nistkästen für die Lapplandmeise aufzuhängen oder künstliche Spechthöhlen in die Bäume zu bohren. Tut man jedoch nichts, um die Kohlmeise aufzuhalten, läuft man Gefahr, dass diese Maßnahmen ihr und nicht der Lapplandmeise nutzen.

Im Ausland haben Biologen darauf hingewiesen, dass die Explosion der Vogelfütterung in den letzten Jahrzehnten wie ein riesiges Experiment ist, das keiner genau verfolgt. Wenig erforscht ist demnach, welche Auswirkung die Fütterung auf die Vogelbestände und das Verhalten und den Lebenslauf der Tiere hat. Es gibt gute Gründe anzunehmen, dass die Auswirkungen massiv sind. In den USA und in Großbritannien geben zwischen vierzig bis fünfzig Prozent der Haushalte an, dass sie wildlebende Vögel füttern. Das bedeutet viele Tonnen Vogelfutter, mit denen Jahr für Jahr Milliarden Kronen umgesetzt werden und wahrscheinlich das Überleben sehr vieler Vögel gesichert wird. Für jeden neunten britischen Vogel, der zu einer der Arten gehört, die das Futter nutzen, gibt es mindestens eine Vogelfutterquelle in einem britischen Garten! Auch in Norwegen ist das Füttern von Vögeln beliebt, aber keiner scheint bisher genauer untersucht zu haben, wie viele Leute hierzulande Vögel füttern. In Deutschland werden alljährlich 15 bis 20 Millionen Euro für die Winterfütterung ausgegeben.

Ein kleiner Hinweis darauf, dass dieses Futter das Leben der Vögel in unerwarteter Weise beeinflusst, kommt aus den Nistkastengebieten Tore Slagsvolds vor den Toren Oslos. Schweizer Gastforscher führten dort Versuche durch und hängten im März und April in den Revieren der Kohlmeisen Futter aus. Verblüfft entdeckten die Schweizer und Slagsvold, dass die Meisenmännchen, deren Reviere mit Meisenknödeln und Futterspendern ausgestattet wurden, morgens später sangen als andere Meisen. Die Forscher hatten das Gegenteil erwartet, weil die besonders gut genährten Meisen genügend Kraft haben würden, um früher aufzustehen und die Partnerin und die Nachbarn zu beeindrucken. Möglicherweise führte die zusätzliche Nahrung jedoch eher dazu, dass die Meisen die Kraft besaßen, Eindringlinge unter Einsatz ihres Körpers zu verjagen, anstatt lediglich stillzusitzen und zu versuchen, sie mit Gesang abzuschrecken.

Die meisten, die sich mit den bedenklichen Seiten der Fütterung auseinandersetzen, kommen zu dem Schluss, dass sie mit mehr Vor- als Nachteilen verbunden ist. In einer Zeit, in der viele Lebensräume wildlebender Vögel verschwinden, ist es gut, dass auch neue Möglichkeiten auftauchen. Außerdem bringt den Menschen das Füttern der Vögel viel Freude. Dennoch sollten wir vielleicht an Orten auf die Fütterung verzichten, an denen Arten leben, die Gefahr laufen, vollends von den typischen Gartengästen verdrängt zu werden. Es ist sicher auch denkbar, dass die schwarz-weißen Meisen im Wald auf Nesodden wegen der Konkurrenz durch gut gefütterte Kohl- und Blaumeisen weniger zahlreich vertreten sind, als sie es sein könnten. Ich begegne den gelben Meisen das ganze Jahr im Wald, offenbar nisten viele von ihnen da oben. Glücklicherweise deutet jedoch nichts darauf hin, dass Weidenmeise, Sumpfmeise, Haubenmeise oder Tannenmeise in Norwegen bedroht sind. Vorerst füttere ich deshalb weiter unbesorgt die Meisen in unserem Garten.

Ungewohntes Klima

Der November ist in diesem Jahr warm. Die Temperatur liegt meist mehrere Grad über null. So ist es in den letzten Jahren immer gewesen und bekanntermaßen soll es noch wärmer werden.

Es fallen ein paar Schneeflocken, die auf der Erde schmelzen. Erst gegen Ende des Monats ist am Morgen alles von Raureif bedeckt.

Kohl- und Blaumeisen haben nichts gegen milde Winter. Solange sie genügend Futter finden, kommen sie aber auch mit Kälte zurecht. Der norwegische Forscher Svein Haftorn hat gezeigt, dass die Kohlmeise umso mehr zunimmt, je kälter es wird. Die Fettreserven machen den Vogel schwerer und träger, schützen ihn aber auch vor dem Erfrieren. Wie andere Vögel halten die Meisen sich warm, indem sie zittern. Wenn sie in der Winterkälte dasitzen und ruhen, zuckt es in ihren kräftigen Brustmuskeln, so wird die Energie aus der Nahrung in Wärme umgewandelt. Das Federkleid sorgt für die Isolierung. Die Angewohnheit, an geschützten Stellen zu übernachten, zum Beispiel in einem Nistkasten, schützt ebenfalls ein wenig vor der Kälte. Außerdem können Kohlmeisen ihre Körpertemperatur nachts von normalen 42 auf 32 Grad absenken, um Energie zu sparen, wenngleich die gelben Meisen keine Kältespezialisten sind wie die Lapplandmeisen. Schließlich leben Kohl- und Blaumeisen auch am Mittelmeer.

Die Kohlmeise spielt eine recht wichtige Rolle bei der Erforschung der Auswirkungen durch den Klimawandel auf wildlebende Tiere, weil es detaillierte Informationen über das Leben der Kohlmeisen in den Nistkastengebieten gibt, die mehrere Jahrzehnte umfassen. Genau das brauchen die Forscher, um herauszufinden, wie die Vögel auf Klimaveränderungen reagieren.

Entscheidend ist vor allem die Frage, wie die Kohlmeise und andere Vögel damit zurechtkommen, dass es eher Frühling wird. In meiner Gegend beginnt er im Vergleich zu den Jahren 1961-1990 ein bis zwei Wochen früher. Wenn es zeitig warm wird, legen die Vögel häufig früher Eier. Die Meisenweibchen nutzen Frühlingszeichen, die eng mit der Temperatur verbunden sind – etwa die Entwicklung der Knospen an den Bäumen oder Insekten, die wieder zum Leben erwachen –, um herauszufinden, wann der richtige Zeitpunkt gekommen ist. Es gilt, rechtzeitig, vor dem wichtigen sogenannten Raupengipfel ein paar Wochen später, mit dem Legen der Eier zu beginnen, damit die Jungen genügend Nahrung bekommen, wenn sie am hungrigsten sind.

An vielen Orten sind die Meisen dazu übergegangen, ihre Eier früher zu legen, weil das Klima milder geworden ist. In Wytham Woods bei Oxford legen die Vögel sie im Schnitt zwölf Tage eher.

Dort treffen sie den Raupengipfel vorerst noch gut. An anderen Orten halten die Meisen mit der Entwicklung jedoch nicht mehr Schritt. In den Kiefer- und Laubwäldern zwischen den Sandflächen im niederländischen Nationalpark Hoge Veluwe beobachten die Forscher, dass die Kohlmeisen den Raupengipfel in letzter Zeit systematisch verfehlen. Dort scheinen die Reaktionsmuster der Vögel falsch an die örtlichen Verhältnisse angepasst zu sein, so dass die meisten Kohlmeisenweibchen später Eier legen, als sie sollten.

Gleichzeitig finden die Ornithologen Anzeichen dafür, dass die natürliche Selektion dabei ist, die Reaktionsmuster der niederländischen Meisen neu zu justieren. Meisenweibchen, die ihre Eier früher legen als die anderen, bekommen inzwischen mehr Nachwuchs. Die flexibelsten Meisenweibchen, die das Legedatum von Jahr zu Jahr abhängig von den Temperaturen verschieben, sind erfolgreicher als weniger flexible Vögel. Diese Merkmale der Meisenweibchen werden größtenteils vererbt. Deshalb erwarten die Forscher, dass die Evolution die Meisen in Hoge Veluwe nach und nach mit einem Reaktionsmuster ausstatten wird, das sich dem veränderten Klima besser anpassen kann.

Die große Frage lautet natürlich, ob das schnell genug geschehen wird. In den kommenden Jahrzehnten ist mit einer weiteren Erderwärmung zu rechnen. Wenn die zukünftigen Klimaveränderungen relativ sanft ausfallen, gehen die Forscher davon aus, dass die Evolution der Kohlmeisen in Hoge Veluwe mit ihnen mithalten können wird. Fällt die Erderwärmung dagegen kräftiger aus – was der Fall sein wird, falls der Ausstoß klimaschädlicher Gase einigermaßen ungebremst ansteigen und das Klima sensibel auf diese Beeinflussung reagieren sollte –, ist es dagegen fraglich, ob die Evolution mit den Veränderungen mitkommt. Dies könnte irgendwann schwerwiegende Folgen für den Kohlmeisenbestand in dem niederländischen Nationalpark haben. Wenn das Klima sich immer stärker verändert, werden die Meisen wahrscheinlich an mehr und mehr Orten in Europa Probleme bekommen, ihre Eier rechtzeitig vor dem Raupengipfel zu legen. Sollten die Raupen wiederum Probleme bekommen, ihr Verhalten an das frühere Ausschlagen der Bäume anzupassen, könnte es außerdem weniger Nahrung für die Jungen geben, ganz gleich, wie gut der Zeitpunkt gewählt ist.

Vorläufig kommt der Meisenbestand in Hoge Veluwe trotz der Fehlanpassung mit der Situation gut zurecht. Wenn es zahlreichen Meisenfamilien schlechtgeht, gibt es dafür weniger Konkurrenz für die Jungen, die flügge werden. Dadurch überlebt ein größerer Anteil. Das sichert den Bestand. Dieser Effekt könnte den Meisen genügend Zeit verschaffen, um sich durch Evolution anzupassen. Und wenn ein lokaler Bestand kollabiert, wird das Gebiet mit der Zeit möglicherweise von Kohlmeisen aus anderen Beständen kolonisiert, die besser zurechtgekommen sind.

Das große und variable Verbreitungsgebiet von Kohl- und Blaumeise deutet darauf hin, dass sie anpassungsfähige Vögel sind. Anderen Arten machen die Klimaveränderungen dagegen deutlich mehr zu schaffen. So gehört der Trauerschnäpper zu den Arten, die in Europa seltener werden, und ein Grund dafür könnte das ungewohnte Klima sein. Das Winterhalbjahr verbringt der Trauerschnäpper südlich der Sahara, so dass er keinerlei Hinweise erhält, wenn der Frühling im Norden besonders früh einsetzt. Niederländische Forscher entdeckten vor ein paar Jahren, dass der Bestand an Trauerschnäppern überall dort dramatisch geschrumpft ist, wo der Raupengipfel besonders früh erreicht wird. Die Trauerschnäpper kommen schlicht zu spät aus dem Winterquartier zurück, um sich genügend Futter für ihre Jungen zu sichern. Andernorts, wo Nahrung gleichmäßiger zugänglich ist oder der Gipfel später erreicht wird, geht es den Trauerschnäppern besser – vorerst jedenfalls. Offenbar werden mehrere Langstreckenzieher, also Vogelarten, die jeden Herbst und jedes Frühjahr die Sahara durchqueren, Probleme bekommen, weil sie zu spät zum immer früher beginnenden europäischen Frühling zurückkehren.

Vogelfang

Mitte Dezember liegt immer noch kein Schnee, aber die Hufeisenspuren im Matsch am Straßenrand vor der Kirche von Nesodden sind zu Eis erstarrt. Vor dem Pfarrhof stehen überraschend zwei grasende Esel auf einer Wiese, auf der zwischen gelben Halmen noch einiges Grün zu finden ist.

Fünf Minuten von der Straßenkreuzung an der Kirche entfernt wohnt Jan Erik Røer. Durch das große Fenster hinter dem Schreibtisch in seinem Büro hat er Aussicht auf ein Wäldchen mit mehreren Futterspendern und Nistkästen, darunter einer mit eingebauter Kamera. Jan Erik ist Geschäftsführer des Versandhandels *Natur und Freizeit*, der solche Dinge vertreibt. Ich habe so manche Krone in seinem Internetshop verprasst. Man hat ein gutes Gefühl dabei, sein Geld dort auszugeben, weil der Inhaber, die Norwegische Ornithologische Gesellschaft, es sich zum Ziel gesetzt hat, das Leben der Vögel zu dokumentieren und sie zu schützen.

Draußen, direkt neben dem Vogelfutter, hängt zwischen zwei Metallstangen ein langes, schwarzes Netz. Normalerweise ist es weggepackt und festgezurrt, aber heute rollen wir es aus und spannen es auf. Die Blaumeisen im benachbarten Baum warnen angesichts dieser verdächtigen Aktivitäten ziemlich erregt ihre Genossen. Wir gehen hinein und setzen uns an den Schreibtisch, von wo wir Fangnetz und Futterplatz im Auge behalten können.

Als Erstes landet ein Buntspecht in den Maschen. Wir stellen unsere Tassen ab und verlassen das Haus, um ihn zu holen. Der Specht schreit, wehrt sich ungestüm und hackt nach Jan Eriks Finger, als der den Vogel behutsam aus den dünnen Fäden befreit, aber sobald er den Specht richtig im Griff hat, beruhigt der Vogel sich ein wenig. Es ist ein bereits beringtes Weibchen und es stellt sich heraus, dass Jan Erik es im Frühjahr markierte, kurz nachdem es das Nest verlassen hatte. Als er die Ringnummer in die nationale Computerdatenbank über beringte Vögel eintippt und die Angaben über die heutige Beobachtung einträgt, wird sofort ein neuer Punkt auf den Karten über die Bewegungsmuster der Vögel eingetragen, die man an seinem Computer abrufen kann. Anschließend wird der junge Specht zur Tür hinausbefördert und fliegt davon.

Im Laufe des Nachmittags holen wir noch einen Kleiber, zwei Kohlmeisen und einen hübschen roten Gimpel aus dem Netz. Bei allen befestigen wir vorsichtig neue Ringe um den Fuß, anschließend werden sie erstmals in der Datenbank registriert. Wir fangen nichts Besonderes und Jan Erik entschuldigt sich, weil ausgerechnet an einem Tag, an dem ich ihn besuche, um mir anzuschauen, wie die Beringung abläuft, nicht mehr Vögel auftauchen. Obwohl viel Zeit verstreicht, bis der nächste Vogel ins Netz geht, dürfen wir es nie aus den Augen lassen, da jederzeit eine Nachbarkatze vorbeikommen kann.

Die Blaumeisen sind ständig da, um sich Sonnenblumenkerne zu holen, scheinen aber schlau genug zu sein, das Netz zu umfliegen. Die beiden von uns beringten Kohlmeisen sind Jungvögel. Jan Erik entfaltet routiniert einen Flügel und studiert unter hellem Licht die Deckfedern, und daraufhin kann selbst ich den Farbunterschied an den neuen Deckfedern des ausgewachsenen Typs innen am Flügel und den Deckfedern außen am Flügel erkennen, die Jungvögel vom Jugendkleid behalten. Die eine Kohlmeise, ein Weibchen, ist ein eher ruhiger Vertreter. Sie findet sich geduldig mit allem ab, was mit ihr angestellt wird. Das Männchen im Netz hat anscheinend eine ganz andere Persönlichkeit, es pickt und schreit.

Nachdem wir sie freigelassen haben, tauchen der Kleiber und die Kohlmeisen mit ihren neuen, glänzenden Metallringen schon bald wieder am Futterspender auf. Aus Schaden klug geworden, umfliegen sie nun jedoch das Netz. Dass die Vögel das Areal nicht scheuten, deute darauf hin, dass der Schreck nicht sehr tief sitzt, kommentiert Jan Erik. Er erklärt, dass die Vögel es sich gar nicht leisten können, sich zu sehr von verängstigenden Erlebnissen beeindrucken zu lassen. Selbst wenn sie in akuter Lebensgefahr schwebten, müssten sie sich schnell wieder ihrer eigenen Jagd auf Nahrung zuwenden.

Für die wildlebenden Kleinvögel ist der Tod niemals weit entfernt. Er kann sie ohne jede Vorwarnung treffen. Ich stand einmal auf dem Parkplatz am Gemeindehaus von Nesodden und schloss den Wagen ab, als ein Sperber auf ein drei, vier Meter entferntes Gebüsch herabstieß. Der Spatz, der das Ziel seines Angriffs war, schoss ins Unterholz und es folgte eine wüste Actionszene, in der Sperber und Spatz zwischen den Stämmen in Bodennähe Haken schlugen. Als der Raubvogel erkennen musste, dass er diese Schlacht verloren hatte, flog er auf und setzte sich auf eine Straßenlaterne in der Nähe, wo er sein Gefieder putzte. Im Grunde sah es so aus, als wäre ihm der ganze Auftritt peinlich. Von dem Spatz war nichts mehr zu sehen, aber er dürfte ziemlich durcheinander gewesen sein.

Neben der akuten Gefahr durch Habichte, Katzen und andere, die sie fressen wollen, werden die Meisen fortwährend von winzigen Feinden attackiert, von Viren, Bakterien und vielerlei Parasiten, die versuchen, sich von ihren Federn oder ihrem Blut oder Fleisch zu ernähren. Auch die Kombination aus Winterkälte und Futtermangel kann sich fatal auswirken. Darüber hinaus verunglücken immer wieder Meisen, die gegen Fenster fliegen, mit Autos zusammenprallen und so weiter.

Der Altersrekord für norwegische Kohlmeisen liegt bei zehneinhalb Jahren, aber das Leben der meisten Vögel ist wesentlich kürzer. Von den Altvögeln (Kohlmeisen, die mindestens ein Jahr alt sind) sterben jedes Jahr gut die Hälfte. Bei Jungvögeln liegt die Sterblichkeit im ersten Lebensjahr sogar noch höher. Angesichts der vielen Jungen, die Meisen bekommen, kann nur ein Bruchteil der geschlüpften Vögel überleben.

Blaumeisen leben nicht so lange wie Kohlmeisen. Die älteste registrierte Blaumeise in Norwegen wurde sieben Jahre alt. Sechs von zehn Altvögeln kommen jedes Jahr um. Das heißt andererseits, dass etwas mehr junge Blaumeisen ihr erstes Lebensjahr überleben müssen, damit der Bestand stabil bleibt.

Wie sich der norwegische Bestand von Kohl- und Blaumeisen entwickeln wird, lässt sich nur schwer vorhersagen. Die Tatsache, dass die Blaumeise sich in letzter Zeit in nördliche Richtung ausgebreitet hat, könnte dafür sprechen, dass die Zahl der Vögel dieser Art ansteigt. Es hat in der Vergangenheit jedoch nicht genügend systematische Beobachtungen gegeben, um dies mit Sicherheit sagen zu können. Die offiziellen Zahlen gehen für die Kohlmeise von einer halben bis einer Million Brutpaare aus, und nur von fünfzig- bis hunderttausend Brutpaaren für die Blaumeise. Im *Norwegischen Wintervogelatlas* von 2006 heißt es, dass diese Schätzung für die Blaumeise im Vergleich zu den Nachbarländern niedrig erscheint. In Schweden soll es nämlich rund eine Million nistender Blaumeisenpaare geben. In Deutschland geht man für die Blaumeise von 2,6 bis 3,3 Millionen und für die Kohlmeise von 4,6 bis 5,7 Millionen Brutpaaren aus.

Als ich durch das Gehölz zur Bushaltestelle an der Kreuzung vor der Kirche zurückgehe, dämmert es bereits. Bis zur Wintersonnenwende mit dem kürzesten Tag und der längsten Nacht des Jahres ist es nur noch eine Woche. Nach zwei Minuten passiert der Bus die Abfahrt zum Hof Røer, auf dem Verwandte Jan Eriks leben. Es ist ein großer, stattlicher Hof von einem ganz anderen Kaliber als der Hügel an dem kleinen See, von dem sich mein Name ableitet. Die Zufahrt zum Hof durchquert ein abgeerntetes Kornfeld und verschwindet zwischen Eichenbäumen, in denen im Frühjahr Waldkäuze und Hohltauben nisten. Und Meisen natürlich.

Ein Busausflug durch Bauernland eignet sich eigentlich ganz gut, um in Weihnachtsstimmung zu kommen, aber ein paar Schneeflocken wären trotzdem schön gewesen.

Weihnachten

Getreidegarben für die Vögel hinauszustellen ist ein alter norwegischer und schwedischer Brauch, der sich bis heute gehalten hat, obwohl die Pfarrer im 18. Jahrhundert auszumerzen versuchten, was in ihren Augen eine heidnische Opfergabe auf den Bauernhöfen war. Mancherorts verlangt die Tradition seit jeher, dass die Garben für die Vögel aus den letzten Halmen bestehen, die im Herbst geerntet wurden. Diese eine Korngarbe sollte nicht gedroschen, sondern lieber aufbewahrt werden, um sie Heiligabend für die Vögel hinauszuhängen. Es gab klare Regeln dafür, wo und um welche Uhrzeit man die Garbe aufhängen musste, aber diese unterschieden sich von Hof zu Hof.

Manche dachten, die jährliche Gabe für die Vögel stelle sicher, dass diese im Gegenzug Saatkörner und Ernte für den Rest des Jahres in Ruhe ließen. Anderen ging es wahrscheinlich eher darum, dass die Vögel Weihnachten auch etwas Gutes bekommen sollten, genau wie Mensch und Vieh. Außerdem war es allgemein üblich, aus dem regen Verkehr an den Weihnachtsgarben Omen über das Leben herauszulesen. Gedeutet wurde die Zahl der Vögel, der Zeitpunkt ihres Besuchs und welche Arten auftauchten.

Meisen sieht man an den Garben eher selten. Sie halten nicht viel von Korn. In der Winterkälte sind sie vor allem auf Fett aus. Die Goldammer ist dagegen ein eifriger Kornfresser und weiß die

Weihnachtsgarben offenbar zu schätzen. Wir begegnen einem Schwarm von Goldammern am Vormittag des Heiligabends in den Büschen entlang der Straße, in der ich aufwuchs. Sie sind ganz bestimmt zwischen den Garben unterwegs, die mehrere Nachbarn hinausgehängt haben. Auf dem Erdboden ist für die Kleinvögel nur wenig Nahrung zu finden, denn er ist von einigen Zentimetern Schnee bedeckt. Rechtzeitig zu Weihnachten ist das Wetter umgeschlagen. Der Übergang von den Minustemperaturen im Freien zur Wärme in meinem Elternhaus ist gerade so, wie er sein soll.

Bei meinen Eltern gibt es dieses Jahr keine Korngarbe, und auch keine Goldammern. Während Groß und Klein auf der Suche nach der traditionell im Milchreis verborgenen Mandel sind, beobachte ich mit einem Auge Feldsperlinge, Kohl- und Blaumeisen und einen Buntspecht, die sich alle von den Nüssen und Vogelsamen auf der Veranda bedienen. Katrine und die Jungen sind daran gewöhnt, dass meine Aufmerksamkeit auf einmal zum Fenster hinaus verschwindet, gefesselt von etwas, das sich in der Luft bewegt. Es lässt sich nicht leugnen, dass ich meinem Vater ziemlich ähnlich geworden bin. Ich weiß noch, wie sein Kopf ruckte, wenn etwas Ungewöhnliches an den Wohnzimmerfenstern vorbeiflog, durch die ich selbst nun Blicke werfe, während wir beim Weihnachtsmilchreis plaudern. Wie seine Augenbrauen sich hoben, wenn er die Augen aufriss. Wie er den Vogel nicht aus den Augen ließ, während seine Hände blindlings nach dem Fernglas tasteten. Heute ertappe ich mich dabei, mich genauso zu bewegen wie er.

Nach dem Milchreis unterhalte ich mich mit Vater wie üblich über Vögel. Bis heute stelle ich meistens die Fragen und er antwortet. Die Ausnahme sind die Meisen. Über sie habe ich im Laufe des vergangenen Jahres so viel gelesen, dass ich einen besseren Überblick habe als er.

~

Zwischen den Jahren setzt in der Endphase eines rekordwarmen Jahres eine Kältewelle ein. Das Thermometer daheim fällt auf dreizehn, vierzehn Grad unter null. Für die Lage in Fjordnähe ist das wirklich kalt. Gemeinsam mit den üblichen Wintergästen besucht eine einzelne Sumpfmeise unseren Futterplatz.

Bei uns im Norden verbinden viele Menschen Kohl- und Blaumeisen mit kalten Wintertagen und verschneiten Landschaften, was zumindest teilweise daran liegt, dass die Meisen bei uns bleiben, wenn die meisten Vögel gen Süden verschwinden. Außerdem ziehen oft noch mehr gelbe Meisen in die Wohngebiete, wenn es kalt wird und die Nahrung im Wald knapp ist. Weil ich sie mit dem Futterhaus assoziiere, habe ich in den gelben Meisen immer typisch norwegische oder typisch nordische Vögel gesehen. Als ich mich eingehender mit ihnen beschäftigte, musste ich jedoch erkennen, dass sie Europäer sind. Und wenn ich es recht bedenke, habe ich sie natürlich auch bei meinen Urlaubsreisen ans Mittelmeer gesehen.

Die Blaumeise lebt in den meisten Teilen Europas und in Teilen Asiens. In Nordafrika und auf den Kanarischen Inseln wird sie von der sehr ähnlichen Kanarenmeise abgelöst. In östlicher Richtung gibt es einen helleren Verwandten, die Lasurmeise.

Die Kohlmeise hat ein noch größeres Verbreitungsgebiet, sie lebt fast überall in Europa von der Finnmark in Nordnorwegen bis zum Mittelmeerraum sowie in Teilen Nordafrikas, außerdem in vielen Gegenden Asiens. Umstritten ist bis heute, welche der asiatischen Bestände als Unterarten der Kohlmeise und welche als eigene, verwandte Arten betrachtet werden müssen. Jedenfalls gibt es kohlmeisenähnliche Vögel in großen Teilen Asiens bis nach Japan.

So kommt es, dass man beim Griechen Aristoteles etwas über unsere nordischen Wintervögel lesen kann, und wir das Verhalten heutiger Kohlmeisen auf dem Hof bei Großmutter und Großvater in Aufzeichnungen wiedererkennen, die drei Jahrhunderte vor dem Beginn unserer Zeitrechnung geschrieben wurden, lange

Zeit bevor hier oben zum ersten Mal jemand irgendetwas schrieb. Die Griechen des Altertums kannten offenbar auch die Redensart »kühner als eine Meise«; dass die Persönlichkeit dieser Vögel etwas Besonderes auszeichnete, war also schon lange bekannt, bevor der rosarote Panther zu Rate gezogen wurde.

Außerdem dürften Meisen auch schon vor den ersten schriftlichen Zeugnissen über sie in der Nähe menschlicher Siedlungen in Europa gelebt haben. Die Kohlmeise dürfte Tierhäute und Knochen gefunden haben, von denen sie an den Lagerplätzen der allerersten Jäger- und Sammlervölker, die auf dem Kontinent auftauchten, Talg und Fleischreste abpicken konnte.

Die Meisen und wir haben also bereits einige Zeit miteinander verbracht und ich bin überzeugt, dass es auch in kommenden Jahrhunderten in der Nähe unserer Häuser Meisen geben wird.

~

Das Familienleben der Vögel ist immer ein Teil ihrer Faszination gewesen. In der Fürsorge der Eltern für ihre Kinder und in ihrem gemeinsamen Streben, sie zu ernähren, erkennen wir uns wieder. Dieses Wiedererkennen weckt Sympathie. Und die Parallelen zwischen Meisen- und Menschenleben werden durch die neue Rolle von Kohl- und Blaumeise als Forschungsobjekte noch auffälliger. Es ist unmöglich, nicht eine Verbindung zu unserem Leben herzustellen, wenn die Berichte aus den Nistkästengebieten von Partnerwahl und Scheidung, Eifersucht und Untreue, Persönlichkeiten und Lernprozessen erzählen. Aber können wir deshalb auch Erkenntnisse zu entscheidenden Fragen im menschlichen Leben gewinnen, wenn wir Meisen studieren?

Das fragte ich Tore Slagsvold vor fast einem Jahr bei unserer ersten Begegnung. Die Frage wurde dem Professor offenbar nicht zum ersten Mal gestellt, denn seine Antwort kam sofort. Einzelne Vogelarten leben ziemlich unterschiedlich, kommentierte Slagsvold. So zeigen die Versuche zur Fremdpflege, dass die Vorlieben der Kohlmeisen bei der Partnerwahl davon geprägt werden, wie sie aufwachsen. Die Fliegenschnäpper wählen dagegen immer den richtigen Partner, unabhängig davon, wer sie aufgezogen hat. Wenn Vererbung und Umwelt bei unterschiedlichen Arten von Sperlingsvögeln schon so grundverschieden zusammenwirken, können die Forschungsergebnisse zu Vögeln, für sich genommen, nicht viel darüber aussagen, wie ähnliche Themen beim Menschen zu beurteilen sind, der doch ein viel entfernterer Verwandter ist.

Dagegen können uns Studien dieser Art zu Tieren, Vögel eingeschlossen, Hinweise darauf geben, wie die menschliche Natur aufgebaut sein *könnte*. Slagsvold gab mir einen Artikel von 2004, in dem Psychologen zu dem Schluss kamen, dass adoptierte Frauen häufig einen Mann mit Gesichtszügen wählen, die denen ihres Adoptivvaters ähneln. Dies kann also nicht an angeborenen Vorlieben für Partner liegen, die einem genetisch ziemlich ähnlich sind, wie viele früher zu erklären versuchten, warum eine große Zahl von Frauen einen Partner wählt, der ihrem Vater ähnelt. Die Studie zu Adoptivkindern deutet vielmehr darauf hin, dass das Bild, das man sich in Kindheit und Jugend von den Eltern macht – insbesondere das Bild vom Elternteil des anderen Geschlechts –, die Partnerwahl beeinflusst, wenn man erwachsen wird.

Slagsvolds Pointe war, dass die Studie zu den adoptierten Frauen von Versuchen inspiriert wurde, die einen entsprechenden Effekt bei fremdgepflegten Vögeln und anderen Tieren zeigen. Die Grundlage für Schlussfolgerungen zum Menschen bilden dennoch nicht die Tierversuche, sondern die psychologischen Versuche, die Gesichtszüge miteinander vergleichen.

Selbst für uns, die wir nicht in der Forschung tätig sind, ist es anregend, uns mit anderen Tierarten zu vergleichen. Während ich die Abschnitte über den Gesang der Meisen schrieb, ertappte ich mich dabei, des Öfteren eine Textzeile der Rockband *Jokke og Valentinerne* vor mich hin zu singen: »Bist du der Typ Mensch, den Leute nerven, die einem immer imponieren wollen.« Das bin ich nämlich. Deshalb gefällt mir der Song. Doch nun kam mir folgender Gedanke. Wenn der Gesang der Vögel sich möglicherweise entwickelt hat, um potentiellen Partnern zu beweisen, dass man gesund ist, ein gut funktionierendes Gehirn und ganz generell glänzende Aussichten hat – wie manche meinen –, könnte es dann nicht sein, dass unser eigener Sinn für Musik einen ähnlichen Ursprung hat? Die Musik bietet uns zahlreiche Möglichkeiten, einander Fähigkeiten, Einfallsreichtum und Sensibilität zu demonstrieren. Das ist sicher kein origineller Gedanke. Ich glaube auch nicht, dass jemand handfeste Beweise für oder gegen eine solche Hypothese über die ursprüngliche Funktion der Musik im menschlichen Leben besitzt. Aber sie klingt nicht völlig abwegig, und wenn es so ist, dass vieles vom Feinsten und Schönsten im menschlichen Leben und in der Natur seinen Ursprung in dem Versuch hat, andere zu beeindrucken, sollte man das Misstrauen gegenüber denen, die sich etwas zu oft in Szene setzen, vielleicht neu bewerten.

In diesem Stil kann man munter spekulieren und philosophieren. Besonders weit kommt man mit dem Vergleich jedoch nicht, denn der Mensch ist eine ganz andere Art von Tier, als die Meisen es sind, wir sind eine sozial kommunizierende Art, intensiv beschäftigt mit dem Verhältnis zwischen Individuum und Gemeinschaft, zwischen Konkurrenz und Zusammenarbeit und Selbstinszenierung und Bescheidenheit. Wir sind Tiere, die immer wieder neu interpretieren, diskutieren und die Regeln dafür definieren, wann man andere beeindrucken soll, so gut man kann, und wann man sich über Leute ärgern soll, die es damit übertreiben.

Trotzdem sehe ich, wenn ich Vögel betrachte, nicht nur fremdartige Schönheit. Es gibt auch ein Element des Wiedererkennens, einer entfernten Verwandtschaft. Sich mit solchen wildlebenden Wesen zu vergleichen, ist ein schöner Anlass, darüber nachzudenken, wer man eigentlich ist.

Manchmal ist es ganz gut, das Leben aus der Vogelperspektive zu betrachten.

~

Silvester gehe ich mit den Kindern am Vormittag zum Rodelhang. Der Weg dorthin ist recht lang. Der Tag ist so schön, wie Wintertage es manchmal sein können, das Wetter ist milder, zwei, drei Grad unter null, etwas Schnee auf der Erde und Raureif auf den Bäumen, der alle Farben bleicht. Wenn die Sonne im Tagesverlauf an Kraft gewinnt, verschwindet der Raureif von größeren Flächen wie Baumstämmen und Kieferkronen, aber die nackten Zweige der Laubbäume bleiben weiß.

Mir selbst reichen zwei, drei Schlittenfahrten. Die Jungen sind da ausdauernder. Während ich mich, über dampfende Tassen gebeugt, mit anderen Eltern unterhalte, taucht in der Eiche hinter uns eine einsame Kohlmeise auf. Sie untersucht einige Minuten die Äste, ehe sie den Himmel durchkreuzt und verschwindet. Auf dem Heimweg gehen wir im Schatten, aber die goldene Sonne beleuchtet noch die Baumwipfel, und dort oben sehe ich die letzten Meisen dieses Jahres, vier, fünf Blaumeisen, die kopfüber von den dünnen Zweigen mit Birkenkätzchen herabhängen. Im Moment zählt für sie nur, zu fressen und nicht gefressen zu werden. Sollten sie dann noch leben, ist in gut vier Monaten wieder Paarungszeit.

Anhang: Tipps

Meisenfütterung

Die Fütterung zieht Vögel an und sorgt für Leben und Bewegung vor dem Fenster. Außerdem hilft die Nahrung den Meisen durch den Winter. Im Sommerhalbjahr gibt es viele Insekten und anderes Getier, so dass die Fütterung für die Vögel weniger wichtig ist, aber wenn Sie mögen, können Sie die Tiere auch ganzjahrig füttern. Vermeiden sie Futter, dem Salz zugesetzt ist, und Nahrung, die schimmelig oder verdorben ist.

Wenn man viele verschiedene Vogelarten anlocken möchte, muss man das Nahrungsangebot variabel gestalten. Probieren Sie es mit verschiedenen Samenkörnern und Nüssen, Haferflocken oder Brotkrumen (möglichst kein Weißbrot) sowie mit Früchten und Beeren. Frieren Sie im Herbst beispielsweise Vogelbeeren oder Äpfel ein und holen sie diese in den Wintermonaten wieder heraus.

Die Meisen bevorzugen richtige Kalorienbomben. Sonnenblumenkerne werden deshalb immer gern genommen. Auch ungesalzener Speck ist beliebt.

Meisenknödel enthalten Fett und andere Leckerbissen. Sie können fertige Meisenknödel kaufen, aber die besten bereiten Sie selbst zu. Die Hauptzutat ist Speisefett. Sie können durchaus Fett verwenden, das beim Kochen übriggeblieben ist, vorausgesetzt, es ist ungesalzen. Erwärmen sie das Fett, bis es schmilzt, aber nicht kocht. Rühren Sie andere Zutaten in das warme Fett ein – zum Beispiel Weizenmehl, Haferflocken, geschälte Sonnenblumenkerne oder gehackte Nüsse. Vergessen Sie nicht, dass die Nüsse ungesalzen sein müssen. Lassen Sie die Masse in großen oder kleinen Formen erstarren, zum Beispiel in aufgeschnittenen Milchkartons. Wenn sie Keksformen benutzen, erhalten Sie lustige Figuren, die Sie Weihnachten verschenken können. Stecken sie ein Schnurende hinein, ehe das Fett erstarrt, damit Sie etwas haben, woran sie den Knödel aufhängen können.

Hygiene ist wichtig, um zu vermeiden, dass die Vögel sich am Futterplatz gegenseitig mit Krankheiten anstecken. Reinigen Sie wenn nötig das Futterhaus oder den Futterspender. Entfernen Sie Essensreste und Vogelkot auf dem Erdboden darunter. Achten Sie auch auf Ihre Hygiene, damit sie dabei keine Keime aufnehmen. Säubern Sie die Gegenstände möglichst im Freien und waschen Sie sich im Anschluss gründlich die Hände. Wenn Sie im Sommer füttern, sollten Sie noch stärker auf Sauberkeit achten als sonst. Die klimatischen Verhältnisse begünstigen Bakterien.

Traditionelle Vogelfutterhäuser können sie kaufen oder selbst basteln. Die Bodenfläche sollte Kanten haben, die verhindern, dass das Futter herunterfällt. Nachteilig an einem solchen Futterhaus ist, dass die Vögel im Futter stehen und dort vielleicht auch ihr Geschäft verrichten. Moderne Futterspender, an denen die Vögel sich seitlich bedienen, sind hygienischer. Möchten Sie Singvögel füttern, jedoch keine Krähen und Elstern, gibt es zu diesem Zweck Spender, die mit einem Gitter versehen sind, dass es den großen Vögeln erschwert, an das Futter heranzukommen. Speck, Früchte und Ähnliches können mit einem Nagel an einem Baum oder am Verandageländer befestigt werden.

Interessiert Sie die Fähigkeit der Vögel, Probleme zu lösen, können Sie Ihnen kleine Aufgaben stellen, die sie lösen müssen, um an das Futter heranzukommen. Es reicht schon, die Öffnung des Futterspenders mit etwas Papier zu verschließen. Im Anschluss können Sie mit anderen Wetten abschließen, welche Vögel es schaffen werden, das Hindernis zu beseitigen.

Nistkästen aufhängen

Meisen als Untermieter zu gewinnen, ist nicht schwer. Wenn Sie im Spätwinter oder zu Beginn des Frühjahrs einen passenden Nistkasten aufhängen, wird sich oft ein Kohl- oder Blaumeisenpaar darin niederlassen. Fertige Kästen sind in zahlreichen Varianten erhältlich.

Nistkästen für Kohlmeisen sind in der Regel 26 cm hoch und 14 cm breit. Für die Blaumeise sind 22 cm und 12 cm üblich, aber die Meisen sind nicht besonders wählerisch, was die Form und Größe des Kastens angeht.

Wichtig ist dagegen die Größe des Einfluglochs. Meisen ziehen am liebsten dort ein, wo sie selbst noch so gerade hineinkommen, es für größere Vögel und Tiere jedoch zu eng wird. Eine runde Öffnung von 28 Millimetern ist ideal für Blaumeisen, aber auch für Tannen-, Sumpf- und Weidenmeisen, wenn Sie in der entsprechenden Umgebung wohnen. Für Kohlmeisen sollte das Loch 32 Millimeter groß sein. Kohlmeisennistkästen werden auch von Fliegenschnäppern und gelegentlich von Kleibern benutzt.

Die Wahrscheinlichkeit, sich über Bewohner freuen zu können, ist am größten, wenn man die Kästen frühzeitig aufhängt, im Herbst oder mitten im Winter, aber selbst wenn sie den Nistkasten erst mitten im Frühjahr aufhängen, können Sie noch Glück haben. Befestigen Sie den Kasten mit Draht an einem Baum oder nageln

Sie ihn an eine Hauswand. Eineinhalb Meter über dem Erdboden ist die ideale Höhe – denken Sie daran, dass Sie an den Kasten herankommen müssen, um ihn inspizieren und instand halten zu können. Versuchen Sie einen Standort zu finden, der möglichst keinem direkten Sonnenlicht ausgesetzt ist, damit es seinen Bewohnern im Sommer nicht zu heiß wird.

Man liest des Öfteren, dass zwischen den einzelnen Kästen dreißig bis vierzig Meter Abstand liegen sollen. Ich finde, Sie sollten die Kästen so eng nebeneinander aufhängen, wie Sie möchten. Die Meisenmännchen schlafen gern geschützt in ihrer eigenen Höhle und sollten die Meisen versuchen, eine zweite Brut aufzuziehen, bauen sie das Nest lieber in einem neuen Nistkasten, um den Parasiten zu entgehen, die sich im alten Nest angesammelt haben. Eventuelle Streitigkeiten unter Nachbarn regeln die Vögel selbst. Sie sind wilde Tiere.

Es ist wichtig, die Meisen während der Brutzeit in Ruhe zu lassen. Wollen Sie nachsehen, was im Nistkasten vorgeht, sollten Sie unbedingt warten, bis die Vögel ausgeflogen sind. Heben Sie den Deckel nur für einen kurzen Blick ab. Fassen Sie weder Eier, Junge noch ausgewachsene Vögel an. Forscher, die gute Gründe dafür haben und wissen, wie sie mit den Tieren umgehen müssen, dürfen das, wir anderen sollten es lieber unterlassen.

Nach der Brutzeit muss das Nistmaterial entfernt und der Nistkasten sorgfältig gesäubert werden, ehe er wieder aufgehängt wird. So vermeiden Sie, dass sich Flöhe und andere Parasiten bereithalten und auf die nächste Brutzeit warten.

Wenn Sie selbst einen Nistkasten basteln möchten, können Sie die folgende simple Anleitung benutzen. Für Perfektionisten und geschickte Hobbyschreiner gibt es sicher raffiniertere Modelle, aber wenn Sie Kinder haben, lautet mein Rat, es nicht zu kompliziert zu machen. Kinder haben mehr Spaß, wenn sie selbst mit Hammer und Säge arbeiten dürfen, statt bloß zuzuschauen, während Sie Ihre Geschicklichkeit unter Beweis stellen.

Sie benötigen ein Brett, das ungefähr anderthalb Meter lang ist, Nägel, eine Säge und einen Bohrer mit dem passenden Durchmesser für das Einflugloch. Verwenden Sie unbehandeltes Bauholz, kein druckimprägniertes Holz! Die Innenseite des Kastens sollte möglichst ungehobelt und rau sein, damit die Meisenjungen Halt finden, wenn sie hinausklettern wollen.

Alle Bretterstücke haben die gleiche Breite. Fünf von ihnen (Wände und Dach) haben die gleiche Länge. Die Länge des Bodenstücks wird abgemessen, nachdem die Wände mit Nägeln zusammengefügt wurden.

Bei dieser Bauanleitung bestimmt die Breite des Bretts, das Sie zur Hand haben, wie groß die Bodenfläche des Kastens wird. Es ist nicht weiter schlimm, wenn sie nicht ganz den Standardmaßen für Kohl- und Blaumeisennistkästen entspricht.

Gehen Sie folgendermaßen vor

- Sägen Sie fünf gleichlange Stücke für Wände und Dach ab.
- Nageln Sie die vier Wände zusammen.
- Sägen Sie ein Bodenstück zurecht, das zwischen die vier Wände passt. Die Breite sollte die gleiche sein wie bei den anderen Stücken. Die Länge des Bodenstücks messen Sie jetzt ab, sie hängt von der Dicke des Materials ab.
- Nageln Sie das Bodenstück fest.
- Bohren Sie ein Eingangsloch mit dem richtigen Durchmesser oben in eine Wand.
- Befestigen Sie das Dach so, dass es sich öffnen lässt, zum Beispiel mit Stahldraht, den sie um den ganzen Kasten schlingen. Sie können aber auch ein Scharnier aus dem Baumarkt anbringen oder aus einem Stück Leder herstellen.
- Bohren Sie in die Unterseite des Nistkastens ein kleines Loch, damit er nicht mit Regenwasser vollläuft. Wenn Sie ein bisschen ungenau gearbeitet haben, so dass es an den Nahtstellen Spalten gibt, müssen Sie nicht mehr bohren!
- Die Außenseite des Kastens können Sie nach Belieben beizen oder lackieren. Das erhöht die Lebensdauer. Streichen Sie die Innenseite bitte nicht. Vermeiden Sie dunkle Farben, wenn der Nistkasten direktem Sonnenlicht ausgesetzt ist.
- Benötigen Sie eine Befestigung für Stahldraht oder Schnur, können Sie ein paar Nägel seitlich halb in den Kasten einschlagen. An der Hauswand können Sie den Nistkasten mit dünnen Nägeln durch die Rückwand festnageln.

Nistkästen mit Kamera bereiten einem viel Freude. Billig sind sie jedoch nicht und natürlich macht es etwas zusätzliche Mühe, Leitungen und Anschlüsse zu montieren. Das Modell, mit dem ich selbst Erfahrungen gesammelt habe, eignet sich sehr gut für die Beobachtung von Meisen. Am einfachsten ist es, die Kamera an einen Fernseher anzuschließen. Wenn sie mit einem Computer verbunden ist, kann man auch Aufnahmen und kurze Filme machen, die das Geschehen im Kasten dokumentieren. Die Auflösung ist allerdings nicht sonderlich gut. Man sollte nicht erwarten, Bilder von beeindruckender Qualität zu erhalten.

Wenn Sie schon Geld in einen Nistkasten mit Kamera investiert haben, sollten Sie auch dafür sorgen, dass er bewohnt wird. Das gelingt einem, wenn man alle anderen Nistkästen in der näheren Umgebung entfernt oder verschließt. Sollten Sie das erst im Frühjahr tun, müssen Sie sich natürlich zuvor vergewissern, dass die Kästen nicht schon bewohnt werden.

Trauerschnäpper

Vögel erkennen lernen

Wenn Sie sich einen Überblick über die verschiedenen Vogelarten verschaffen möchten, benötigen Sie als Erstes einen Vogelführer, mit dessen Hilfe Sie die Arten identifizieren können. Es gibt sie in allen Größen und Varianten, in Buchform oder im Internet. Inzwischen werden auch zahlreiche Apps für Smartphones angeboten.

Manche Vogelführer konzentrieren sich auf ein Land, andere auf größere Regionen, zum Beispiel Mitteleuropa. In letzter Zeit findet man außerdem immer häufiger Vogelführer mit Tonbeispielen.

Wirklich praktisch ist eine App für das Smartphone. Man erhält eine Beschreibung, Bilder und Tonbeispiele – und hat seinen Vogelführer immer dabei.

Ferngläser, die es in zahllosen Modellen in allen Preisklassen gibt, sind eine große Hilfe. Dem Anfänger und maßvoll Interessierten reicht ein handliches kleines und einigermaßen preiswertes Fernglas. Wichtig ist, dass Sie lernen, damit umzugehen, und es nicht zu lästig finden, das Glas auf Wanderungen bei sich zu tragen. Teure Gläser sind häufig besser für schlechte Lichtverhältnisse geeignet und große Modelle verfügen über ein größeres Blickfeld, so dass Sie leichter finden, wonach Sie Ausschau halten.

Vögel können Sie jederzeit und überall beobachten und hören, aber wenn Sie verschiedene natürliche Umgebungen aufsuchen – Nadelwald, Laubwald, Äcker, Uferregionen, Hochgebirge und so weiter –, sehen Sie mehr Arten. Die beste Zeit zur Vogelbeobachtung ist der frühe Morgen. Nicht umsonst heißt es, der frühe Vogel fängt den Wurm.

Vogelgesang und Vogelrufe

Vögel an ihren Stimmen zu erkennen, finde ich persönlich besonders schön. Es ist einfach nett, zu wissen, welchen Vogel man bald sehen wird. Manche Vogelarten wie der Fitis und der Zilpzalp lassen sich außerdem nur schwer auseinanderhalten. An ihrem Gesang sind sie dagegen leicht zu unterscheiden.

Manche Arten lassen sich anhand der kurzen Kontakt- und Warnrufe identifizieren, die sie ganzjährig benutzen. Am leichtesten zu erkennen ist jedoch in der Regel der Frühlingsgesang des Männchens. Die beste Zeit, den Vogelgesang kennenzulernen, ist gekommen, wenn die Meisen und andere nicht ziehende Vögel in der ersten Phase des Frühjahrs anfangen zu singen, bevor die Zugvögel auftauchen. In dieser Zeit muss man weniger Arten auseinanderhalten. Haben Sie diese gelernt, werden Sie immer wieder neu herausgefordert, wenn nach und nach die Zugvögel eintreffen. Ein weiterer Vorteil eines frühen Beginns besteht darin, dass die singenden Vögel leichter zu finden sind, solange die Bäume noch keine Blätter tragen.

Vergleichen Sie das Gehörte mit Tonaufnahmen aus einer App, einem Vogelführer mit Tonbeispielen oder Internetseiten mit Vogelrufen. Um sich zu merken, wie die verschiedenen Vögel singen, ist es außerdem hilfreich, in Worte zu fassen, wie sie klingen. Die traditionelle Verschriftlichung der Vogelrufe mag heute seltsam veraltet wirken. Schließlich fällt es einem nicht ganz leicht, sich vorzustellen, wie sich pi-häää oder ti-ti-chu anhört, aber die

Sprache der Vögel ist uns so fremd, dass wir etwas benötigen, womit wir die Rufe in Verbindung bringen können.

Nehmen Sie wenn möglich mit anderen Interessenten an einer Vogelführung teil. Gemeinsam mit einem erfahrenen Vogelbeobachter dem Gesang der Vögel zu lauschen ist der schnellste Weg, die Gesänge kennenzulernen.

Weiterführendes

Werden Sie Mitglied eines örtlichen ornithologischen Vereins. So unterstützen Sie die Arbeit der Vereine zum Schutz von Vögeln und Natur und erhalten Informationen über Führungen und andere Aktivitäten des Vereins.

Interessant ist auch die Internetseite xeno-canto.org. Auf ihr haben die Nutzer Hunderttausende Tonaufnahmen von Vögeln aus aller Welt hochgeladen. Viele ihrer Nutzer sind Amateure, so dass falsche Registrierungen vorkommen können, die einen auf eine falsche Fährte führen. Dafür haben Sie hier Zugang zu Rufen und Gesangsvariationen, die Sie in den gängigen Führern zum Vogelgesang nicht finden. Die meisten Vogelarten haben wesentlich mehr Rufe in ihrem Repertoire als nur die typischsten.

Auf xeno-canto.org finden Sie zudem Sonogramme, wie sie häufig von Vogelgesangsforschern benutzt werden. Sie folgen dem gleichen Prinzip wie Musiknoten. Hohe Töne sind oben, tiefe Töne unten, während die Zeit von links nach rechts läuft. Da die Vögel sich nicht um unsere musikalischen Konventionen scheren, fehlen allerdings Taktstriche oder Notenlinien, es gibt lediglich Schraffierungen, die anzeigen, welche Tonfrequenzen wann erzeugt werden. Wenn Sie den Aufnahmen lauschen und gleichzeitig die entsprechenden Sonogramme verfolgen, dauert es nicht lange, bis Sie die Sonogramme auch ohne Ton deuten können.

Dank

Viele Menschen haben mir bei der Arbeit an diesem Buch geholfen. Professor Tore Slagsvold von der Universität Oslo hat mich großzügig an seinem Wissen über Meisen teilhaben lassen, mich in das Nistkastengebiet in Bærum eingeladen und eine frühe Fassung des Buchmanuskripts gelesen. Professor Jan T. Lifjeld am Naturhistorischen Museum in Oslo beantwortete noch die kniffligsten Fragen zum Fortpflanzungssystem der Meisen und zeigte mir Gläser mit konservierten Vogelhoden. Jan Erik Røer ließ mich seine umfangreiche Sammlung antiquarischer Vogelbücher nutzen, demonstrierte die Beringung von Vögeln und informierte über Zugrouten und Bestandsentwicklung. Als ich das Buchprojekt in Angriff nahm, stellte sich heraus, dass sich ein führender britischer Forscher für Vogelverhalten, Professor Alex Kacelnik von der Universität Oxford, regelmäßig auf Familienbesuch in meiner Nachbarschaft aufhielt. Die Gespräche mit Professor Kacelnik – über seine frühe Forschung zu den Ernährungsgewohnheiten und zum Gesangsverhalten der Kohlmeisen und über seine faszinierenden Untersuchungen zum Verhalten anderer Vogelarten in jüngerer Zeit – haben mir viel Freude bereitet.

Das Vertrauen und Wohlwollen, das mir von Fachleuten aus der Feldforschung entgegengebracht wurde, hat mir viel bedeutet. Darüber hinaus möchte ich allen Biologen danken, denen ich zwar nicht persönlich begegnet bin, die aber dazu beigetragen haben, die wissenschaftlichen Erkenntnisse zu etablieren, ohne die ein Buch wie dieses nicht geschrieben werden kann.

Ich danke Joakim Botten, meinem Lektor beim Kagge Verlag, für das Vertrauen in das Projekt und seine große Hilfe. Er hat mit inspirierenden Literaturtipps, guten Ratschlägen und nicht zuletzt treffenden Kommentaren zu jedem Kapitelentwurf, den ich ihm geschickt habe, zum Gelingen beigetragen.

Die Familie ist nicht nur im Text gegenwärtig, sie ist mir auch eine große Hilfe gewesen. Mein Vater Hans Tjernshaugen und meine Frau Katrine Gramnæs haben Entwürfe gelesen und zahlreiche Fragen zum Buch und den Meisen mit mir diskutiert. Meine Söhne Petter und Jo hatten ebenfalls Anteil am Leben mit den Meisen und dem Buchprojekt und sind stets sehr geduldig mit ihrem Vater, wenn dieser völlig im Lesen, Schreiben oder in der Beobachtung von Vögeln versunken ist.

Des Weiteren danke ich Even Hønsen Agerup, Ellen Andreassen, Bo Terning Hansen, Jørn Hurum, Richard Inger, Oliver Kacelnik, Hallvard Kvale, Kyrre Lekve, Marianne Løvstad, Nicole Morgan, Sissel Rogne, Tina Stræte, Mariane Stensby, Camilla Thorsteinsen und Hanne Hagtvedt Vik.

Bildnachweis